조경기초디자인

김 신 원

기문당

| 서 문 |

조경(造景), 영어로는 Landscape Architecture라고 한다. 말의 의미에서 알 수 있듯이 조경이란 결국 경관을 만든다는 뜻이다. 지구상에 최초의 사람이 출현한 이후 사람들은 끊임없이 경관을 변화시켜 왔다. 경관 속에 삶의 흔적을 물리적으로 남겨왔던 것이다.
조경디자인은 경관을 만들기 위해 거쳐야 하는 선행 작업이다. 조경 디자이너는 이 작업 과정에서 인공경관을 만들기 위해 자연경관을 바라본다. 그것은 자연으로부터 교훈을 얻을 수 있기 때문이다.

소규모의 정원을 만들더라도 디자이너는 여러 날 고심한다. 모든 공간이 디자인된 결과이지 우연히 만들어진 공간은 하나도 없다. 이렇듯 공간이 만들어지기 위해서는 지적인 존재인 디자이너가 필요하다. 우리는 이러한 사실로부터, 또한 질서와 조화, 아름다움과 장엄함, 오묘함과 경이로움을 갖춘 자연으로부터 무한한 디자인의 지혜를 지닌 창조자 하나님의 존재에 대한 인식을 교훈으로 얻는다.

자연(自然)은 아니, 정확히 말해서 천연(天然)은 디자인 선생님이다. 조경 디자이너는 자연으로부터 영감을 얻는다. 자연에는 디자인에 적용하고 응용할 수 있는 수많은 형태가 있다. 자연경관은 수많은 사건과 힘과 영향과 기능이 최종적으로 표현된 다양한 시각적 형태를 보여준다.

자연경관으로부터 조경 디자이너가 선택하고 변경할 수 있는 형태로는 기본적으로 기하학적 형태와 자연적 형태가 있다. 중요한 것은 이들 형태가 명확하게 구별되어 있거나 상호 배타적으로 존재하고 있는 것만은 아니라는 사실이다. 예를 들어 꿀벌이 만든 육각형의 벌집형태, 대부분의 꽃이 갖는 점대칭 및 방사선형 구조, DNA 유전인자에서 볼 수 있는 엄격한 질서체계 등은 두 가지 기본적인 형태가 혼재하고 있음을 보여준다.

조경 디자이너가 인공경관을 만들기 위해 컨셉을 가지고 구체적인 물리적 공간을 디자인하는 데 활용할 수 있는 형태주제는 아주 다양하다. 가장 보편적이고 유용한 형태로는 기본적으로 열다섯 가지 형태주제를 생각할 수 있다. 디자이너는 이들 형태주제를 가지고 디자인 과정을 통해 컨셉을 현실화하는 작업을 한다. 중요한 점은 디자인 프로젝트를 실제적으로 수행할 때에는 두 가지 혹은 그 이상의 형태주제들을 적절하게 통합하여 조화를 이루는 디자인을 할 경우가 많다는 것이다.

본 저서는 조경디자인을 배우고 훈련하는 데 기본이 되는 디자인의 컨셉, 요소, 형태주제에 관한 내용을 담고 있다. 또한 디자인의 기본적인 원리와 선례연구의 내용을 포함하고 있다. 필자는 본 저서가 조경디자인을 수행하는 데 있어 어떻게 디자인 목적, 주제, 컨셉 등이 요소와 원리에 기초하여, 형태주제 구성에 의해 다양한 선과 형태로 변환되고 구체적인 공간으로 디자인될 수 있는지를 이해하는 데 커다란 도움이 될 것이라고 믿는다.

나에게 주어진 모든 것에 감사하며,
삶의 목적을 일깨우시는 하나님께,
삶의 본보기로서 정신적 토대인 존경하는 아버님과 어머님께,
하나님께서 주신 인생의 변함없는 친구인
아내 현경과 선물인 딸 성은, 성하에게
그리고 본 저서의 문서 작성과 편집을 맡은
사랑하는 대학원생 제자 성호, 경민과 지연에게
진심으로 감사드립니다.

2011년 8월

경희대학교 환경조경디자인학과
도시공간디자인연구실에서

| CONTENTS |

Landscape Architecture

I

디자인 컨셉

1. 철학적 디자인 컨셉
2. 기능적 디자인 컨셉

디자인 컨셉

조경디자인을 수행하는 데 있어 디자이너는 일반적으로 ① 프로그램 개발, ② 조사 및 분석, ③ 개념적 디자인, ④ 디자인 개발, ⑤ 최종 디자인이라는 다섯 가지의 디자인 과정을 거친다.

이러한 과정 가운데 개념적 디자인 단계에서 대상지와 관련된 일련의 디자인 아이디어를 구체화한다.

개념적 디자인 단계를 두 가지 측면에서 살펴볼 수 있는데, 하나는 철학적 디자인 컨셉이고 또 다른 하나는 기능적 디자인 컨셉이다. 디자이너는 이 두 가지 디자인 컨셉을 가지고 대상지의 환경을 창조한다.

1. 철학적 디자인 컨셉

철학적 디자인 컨셉(general philosophical concepts)은 공간의 목적, 이미지, 성격, 특성을 표현하는 데 필요한 개념이다.

철학적 디자인 컨셉을 지닌 디자인을 통하여 대상지에 장소감을 부여할 수 있다. 또한 특정 부지에 고유한 의미를 부여할 수 있다. 즉 단순한 아름다움과 기능을 넘어 각별한 의미를 불어넣을 수 있는 것이다.

철학적 디자인 컨셉을 갖는 공간은 강렬한 정체성을 띠게 된다. 이러한 공간은 개별적이고 독특한 특성으로 인해 이용자들이 다른 공간과의 차이점을 알고 구분할 수 있는 아이덴티티를 지닌 장소이다. 결국 특유의 정신이 깃든 장소가 되는 것이다.

IDEAL GARDEN

'IDEAL GARDEN' 에서 필자가 꿈꾸는 동양적인 이상적 정원, 즉 동양적인 사고방식을 토대로 하여 사람과 기분 좋게 어울리고 자연을 벗할 수 있는 궁극적인 옥외 환경을 창조하고자 하였다. 이를 구현하는 한 가지 방법으로 도교, 음양오행, 색채, 풍수지리와 연관된 사상에 기초하여 정원을 디자인하였다. 공간구성에 있어서는 정원 진입부 문주, 석교, 해자, 스물일곱 개의 괴석, 계류, 폭포, 우물, 숲, 연못, 섬, 석관(石棺) 등 한국의 전통조경 요소를 활용하였다.

IDEAL GARDEN _김신원

7
8
6
5
4
3
2
1
N
0 5 10 15 25 35 55

광화문 시민열린마당

필자가 디자인한 '광화문 시민열린마당'은 한국인의 전통적 우주론에 근거한 공간창조의 원리를 바탕으로 우주의 본체인 삼태극의 세계, 즉 하늘, 땅, 사람의 영역이 분화되어 공간이 생성되는 컨셉을 갖는다. 이를 구현하기 위해 삼태극 도형을 응용하여 공간을 구성하고, 한국인의 전형적 조형의식인 자유곡선의 미학을 도입하였다. 또한 한국인의 전통적 공간개념 및 지역성에 입각한 공간조영 방식을 적용하는 한편 대지예술을 통해 한국 전통공간의 현대화를 도모하였다.

광화문 시민열린마당 _김신원

온고을 시민광장

필자의 또 다른 디자인 작품인 '온고을 시민광장'은 전주 시민을 위한 시청 앞 중심대광장으로서의 성격 및 오랜 역사와 전통을 지닌 전주의 상징성을 표현하는 데 주안점이 있다. 이를 구현하기 위해 첫째, 중앙광장의 공간구성에 있어 청각적 요소인 판소리의 울림을 시각화한 타원형을 이용하여 동심원적인 공간패턴을 형성하였다. 둘째, 전주시와 판소리의 세계적 진출을 표현하는 외향적 공간을 구성하였다. 셋째, 광장의 중앙부분을 중심으로 하여 방사형으로 확산되는 공간을 구성하였다.

온고을 시민광장 _김신원

마두역광장

'마두역광장'은 고양시 일산구 제3호 미관광장을 재조성하는 프로젝트로서, 필자가 디자인한 작품이다. 필자는 광장을 디자인함에 있어 두 가지 대안을 마련했는데, 그 내용은 다음과 같다.

① 대안 1 : 휴식 및 녹지공간 — 느티나무를 식재하여 마을의 번영과 안녕, 태평성대, 행운을 상징 ; 상징, 휴식 및 수경공간 — 밤가시초가의 형태를 연상시키는 원형의 수경시설을 디자인하여 지역의 특성을 상징화

② 대안 2 : 상징 및 휴식공간 — 마두리의 지명에 관한 이야기를 광장공간에 상징적으로 표현 ; 말과 관련하여 마두리가 갖는 장소성을 공간 중심부의 자연석 배치를 통해 상형문자인 馬자를 형상화하여 조형적으로 표현 ; 원형의 포장 패턴으로 마두리 전체(1리~5리)를 상징적으로 표현 ; 전통적인 마을의 돌담을 연상할 수 있도록 플랜터의 벽면을 돌담으로 처리

필자의 디자인 대안 작성 시 상징 및 휴식공간을 어떻게 디자인하느냐가 두 가지의 대안을 구분짓는 주요 관건이었다. 대안 선정 시 발주기관의 예산 및 유지관리의 측면이 강조되어 대안 2가 채택되었으며, 디자인 변경과정을 거쳐 최종적으로 광장이 조성되었다.

'마두역광장' 의 부분 경관 _김신원

'마두역광장' 의 대안 1

'마두역광장' 의 대안 2

서곶근린공원 상징탑

'서곶근린공원 상징탑'은 필자가 디자인 현상공모에 출품하여 당선작으로 선정된 작품이다. 본 작품에서 필자가 채택한 도형 및 개념은 다음과 같다.

① 원(기단부) — 인천시 서구의 완전성, 통일성, 모순 없는 공존, 조화, 단결, 공동체 의식, 화합

② 삼각형(탑신부 : 형태변환 전) — 인천시 서구의 풍요, 번영, 발전, 안정

③ 나선형(탑신부 : 형태변환 후) — 성장, 진보, 발전, 전진

필자는 또한 다음과 같이 공간을 구성하였다.

① 상징탑 탑신부 : 까치, 은행나무, 사슴, 태양 — 인천시 서구의 자연환경, 생태계, 영광

② 상징탑 기단부 : 인천시 서구의 휘장공간 — 서구의 지역 정체성 ; 인천시 서구의 자연지형공간 — 서구의 자연지형 특성 ; 국화꽃잎 문양 공간 — 영속하는 서구의 안정과 풍요 ; 햇살 문양 공간 — 서구의 역동적 에너지, 영원한 시간성 ; 휴식공간 — 휴식 장소 ; 식재공간 — 변함없는 서구민의 강인함.

서곶근린공원 상징탑 _김신원

전주시 상징조형물

'전주시 상징조형물'은 필자가 디자인 현상공모에 응모한 출품작이다. 상징조형물 디자인을 위한 필자의 기본도형 및 조형개념은 다음과 같다.

① 타원형(우주 : 온고을 전주) — 새로운 탄생을 이룩하는 전주시를 알의 형태인 타원형으로 은유화

② 원형(天) — 전주 시민들의 조화, 단결, 이해, 양보에 의한 공동체 의식과 시민 화합의 장을 원형으로 형상화

③ 사각형(地) — 한국인의 소박함과 간결함을 사각형으로 표상화

④ 삼각형(人) — 전주시의 번영, 발전, 안정을 상징화. 필자는 이러한 도형 및 개념을 토대로 하여 디자인을 발전시켜 한 마리 새가 하늘로 비상하는 듯한 형태로 기개, 웅비, 미래의 비전을 상징하는 조형물을 디자인하였다. 또한 전주시의 상징물인 합죽선과 풍남문의 시각적 조형화를 통해 평화, 자유, 민주 등의 정체성을 표상하는 조형물을 디자인하였다.

전주시 상징조형물 _김신원

남산2호터널 조형물

'남산2호터널 조형물'은 서울시가 실시한 남산2호터널 개수공사 설계 · 시공 일괄입찰 사업에서 필자가 수행한 디자인 작품이다. 면벽식 터널 입구 상단부에 발생하는 옹벽 구조물의 노출을 조형적 방법으로 미관 처리하여 경관미를 향상시켰다. 또한 터널 좌 · 우측에 발생하는 콘크리트 옹벽 노출을 미적으로 처리하였다. 터널 조형물에는 우리나라 고유의 전통성을 표현하였다. 또한 시 · 종점부 관할 각 해당 구청의 상징물을 활용하였다.

'남산2호터널 조형물'을 디자인한 내용은 다음과 같다.

터널 입구 디자인에 있어서, 중구 장충동의 시점부에는 무궁화를 사용하여 한민족의 주체적 사상과 겨레얼을 상징하고 아치형태로 산과 하늘을 상징하는 한편 해와 산으로 한국의 자연경관을 표현하였다. 용산구 이태원동의 종점부에는 소나무를 사용하여 한국인의 절개와 고고함 및 진취적 기상을 상징하고 아치형태로 산과 하늘을 상징하는 한편 해와 산과 기와집으로 한국의 고유한 마을경관을 나타냈다.

장충동 시점부 터널 입구 조형물 "미래의 영광" _김신원

이태원동 종점부 터널 입구 조형물 "늘푸른 기상" _김신원

옹벽 디자인에 있어서 중구 장충동의 시점부에는 까치, 산, 바위, 장미, 바람결, 녹색을 통하여 희망 찬 중구를 상징하였다. 또한 용산구 이태원동의 종점부에는 비둘기, 산, 바위, 장미, 바람결, 청색을 통하여 약동하는 용산구를 상징하였다.

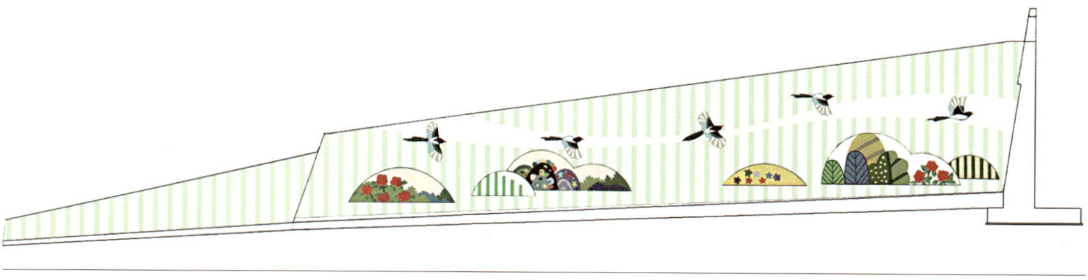

옹벽 좌측부

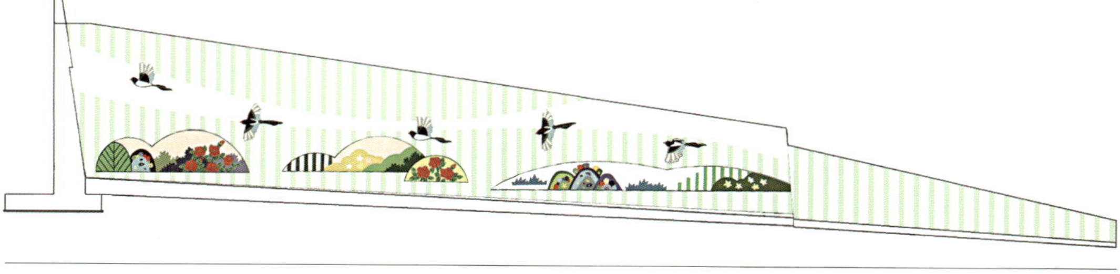

옹벽 우측부

장충동 시점부 옹벽 조형물 "희망" _김신원

옹벽 좌측부

옹벽 우측부

이태원동 종점부 옹벽 조형물 "약동" _김신원

장충동 측 터널 입구 및 옹벽의 야경

장충동 측 터널 입구 및 주변의 모습

이태원동 측 터널 입구 및 옹벽의 모습

이태원동 측 터널 옹벽 일부의 야경

조경디자인을 수행하는 데 있어 디자이너가 철학적 디자인 컨셉을 결정했다면, 그 다음 단계로 중요한 것은 바로 이러한 컨셉이 어떻게 물리적 형태로 구현되느냐 하는 것이다. 관념에서 그치는 아이디어를 넘어 3차원적 공간에 구체적으로 실현되는 것이 중요하다는 말이다. 디자이너는 이러한 과정에서 다양한 시각적 이미지들을 머릿속에 그려본다. 또한 컨셉에 맞는 공간의 분위기를 생각해보며 과연 어떤 물리적 형태와 재료가 적합한지에 대해 고심한다. 이러한 모든 과정에서 잊어서는 안 될 부분은 바로 이용자들의 시각적 측면이 중시되기는 하지만 이와 동시에 청각, 촉각, 후각, 미각적인 측면도 함께 고려해야 한다는 사실이다.

2. 기능적 디자인 컨셉

기능적 디자인 컨셉(specific functional concepts)은 개념적 디자인 단계에서 초기 디자인 아이디어와 기능적이고 실용적인 관계를 모색할 때 만들어진다. 기능적 디자인 컨셉은 대상지의 특정한 문제를 해결하는 방안과 관계가 있다. 즉 침식을 방지하고 불량한 배수문제를 해결하며 유지관리에 드는 비용을 절감한다는 등의 개념적 목표로서 제시된다.

기능적 디자인 컨셉은 기능 다이어그램이나 개념도의 형식으로 표현된다. 다음에 제시된 두 그림은 기능적 디자인 컨셉의 예를 보여주는 그래픽 결과물이다.

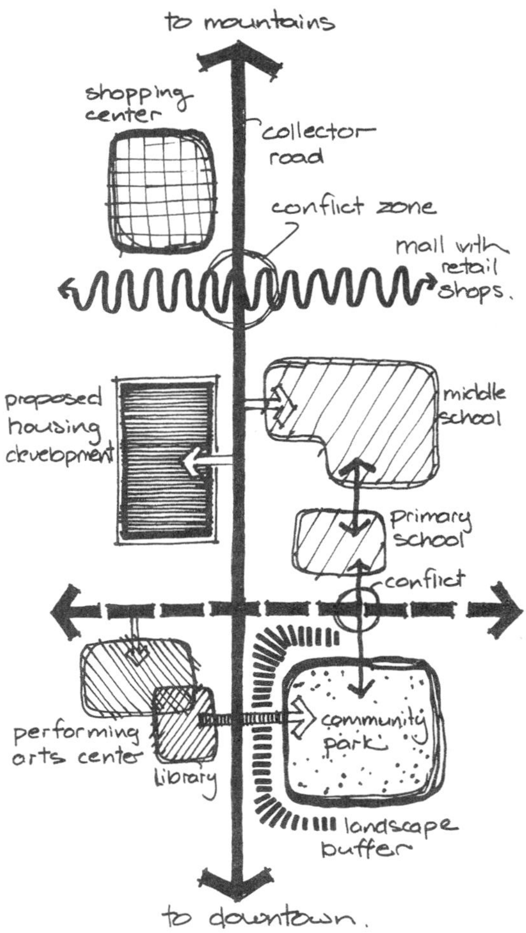

개념도 예 _출처 Reid (1993) p.17

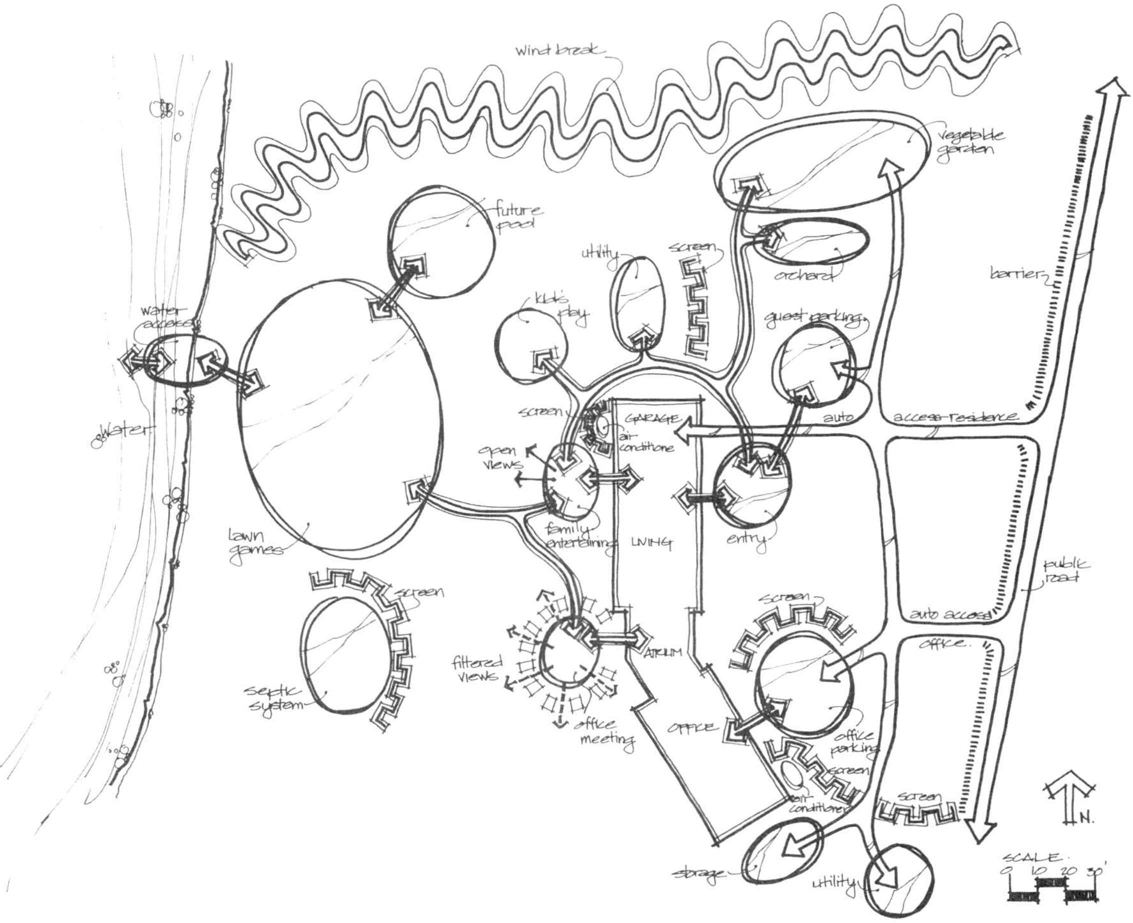

기능 다이어그램 예 _출처 Reid (1993) p.18

Landscape Architecture

II

디자인 요소

1. 시각적 요소
2. 비시각적 요소

디자인 요소

디자인 컨셉이 구체적인 형태로 전환되는 과정은 개념도 안에 있는 그래픽 심벌들이 특정한 형상으로 변환되는 조직화된 프로세스라고 볼 수 있다. 예를 들면 이 과정에서 실질적인 공간이 형성되고 명확한 경계선이 그려지며 공간구성 요소가 도입되고 재료의 유형, 색채, 질감이 선정된다. 이러한 작업을 수행하는 것에 대하여 살펴보기에 앞서 디자인의 기본요소에 관하여 이해하는 것이 필요하다.

디자인의 기본요소로는 일반적으로 열 가지를 생각해볼 수 있는데, 처음 일곱 가지는 주로 시각적인 요소에 해당되고 나머지 세 가지는 비시각적인 요소에 해당된다. 일곱 가지의 시각적인 요소에는 점, 선, 면, 형태, 움직임, 색채, 질감이 있고 세 가지의 비시각적인 요소에는 소리, 냄새, 촉감이 있다.
디자인의 열 가지 기본요소는 디자이너에게 다양한 기회를 제공해주며, 해당 공간이 지닌 잠재성에 적절하게 부합하는 형태를 구성하는 데 중요한 역할을 한다.

1. 시각적 요소

- 점(Point) : 점은 공간 속에서 어떤 위치를 나타낸다.

- 선(Line) : 점이 움직이면 1차원의 선이 형성된다.

• 면(Plane) : 선이 움직이면 2차원의 면이 형성된다. 이 경우에 두께는 아직 존재하지 않는다.

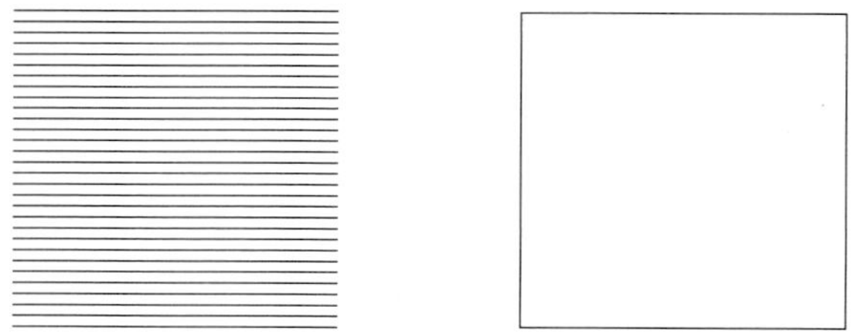

• 형태(Form) : 면이 움직이면 3차원의 형태가 형성된다. 이러한 형태는 속이 비어 있지 않은 입체적인 사물이거나 혹은 면에 의해서 위요된 빈 공간으로 생각할 수 있다. 실내공간인 방의 형태가 벽, 바닥 및 천장에 의해 형성되는 것처럼 옥외공간의 형태도 수직면, 수평면 및 천장면에 따라 한정된 주변 사물들이 지닌 면들에 의해 형성된다.

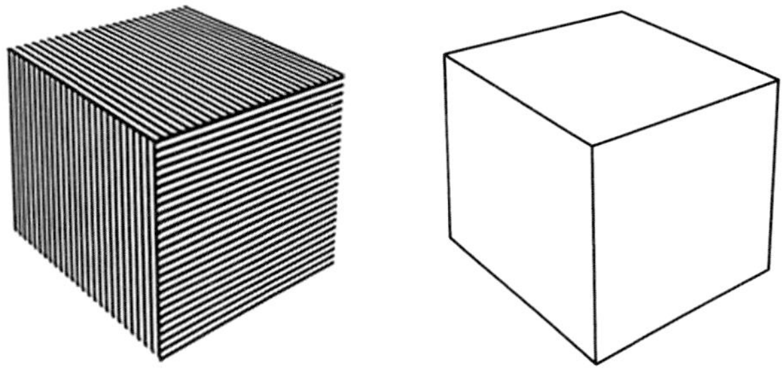

• 움직임(Motion) : 3차원적인 형태가 움직일 때 그 움직임이 지각된다. 디자인 요소로서 이 움직임은 4차원적인 시간이라는 개념과 관계를 갖게 되는데, 디자인에서 움직임은 관찰자와 관련하여 고려되어야 한다. 공간 속에서 관찰자가 움직이게 되면 사물도 그에 따라 변화된 모습을 보이게 된다. 옥외공간 디자인에 있어서 정지하고 있는 관찰자가 바라보는 사물에 대한 지각보다는 움직이고 있는 관찰자가 바라보는 사물에 대한 지각을 더욱 중시해야만 한다.

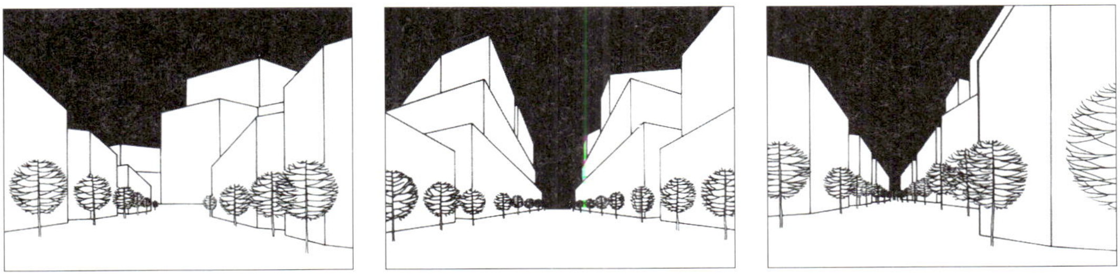

• 색채(Color) : 모든 사물의 표면은 고유한 색채를 띠고 있는데, 이는 상이한 빛의 파장에 의해 생겨나는 것이다.

• 질감(Texture) : 사물의 표면이 지닌 질감은 그 면이 지닌 다양한 특성에 의해 인식되고 느껴진다.

2. 비시각적 요소

- 소리(Sound) : 소리는 청각과 관련하여 공간을 경험하는 데 있어서 영향을 주는 요소이다.

- 냄새(Fragrance) : 냄새는 유쾌하거나 불쾌한 후각과 관련된 요소인데, 조경디자인에서는 주로 유쾌한 요소로서 향기를 고려하여 디자인한다.

- 촉감(Touch) : 촉감은 실제적으로 피부를 통한 접촉에 의해 지각되는 요소이다.

Landscape Architecture

III

디자인을 위한 형태주제

1. 기하학적 형태주제

2. 자연적 형태주제

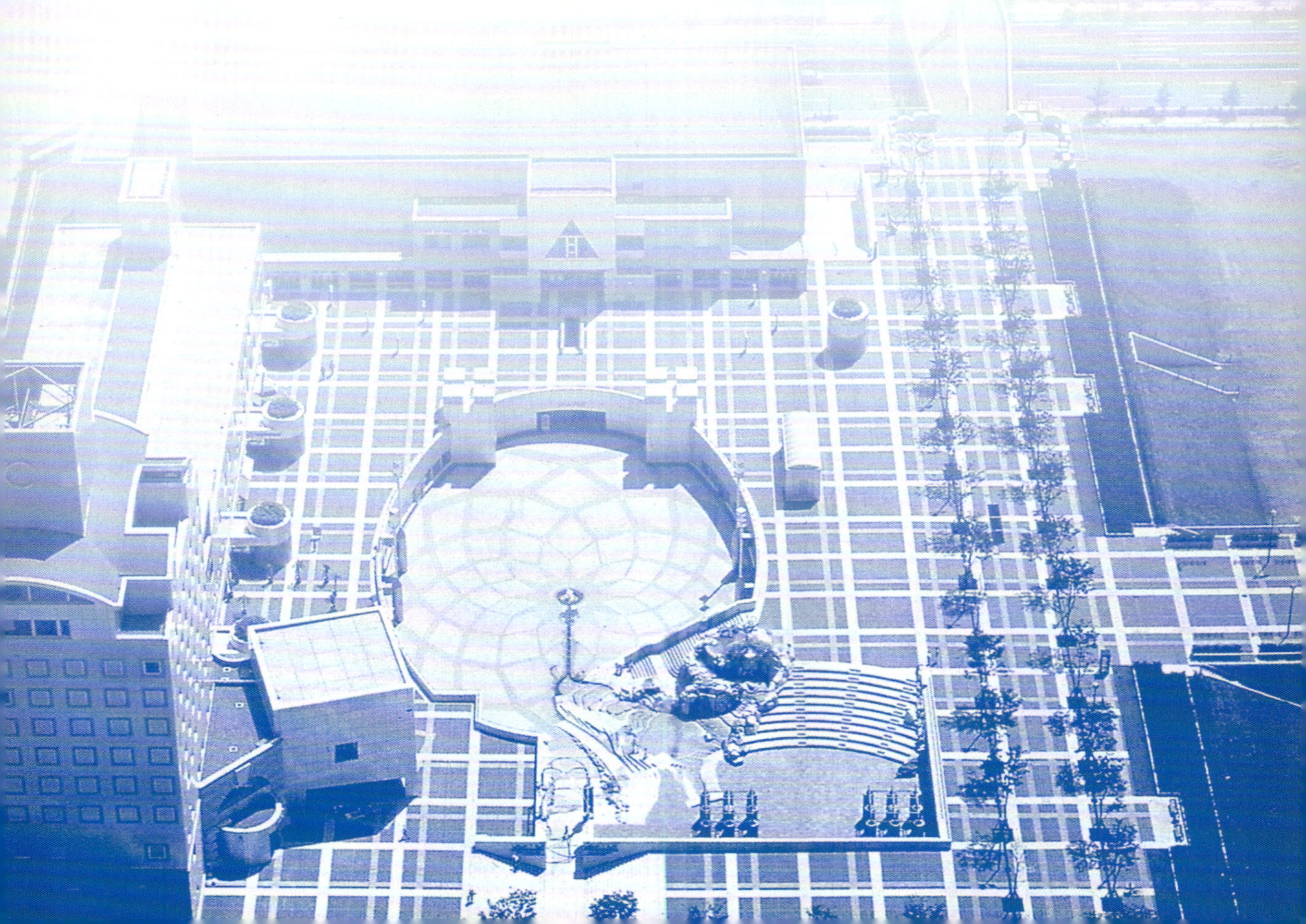

디자인을 위한 형태주제

디자이너는 디자인 작업 시 개념으로부터 출발한 디자인 아이디어를 공간 속에 구현하기 위해 형태전개 과정을 거친다. 즉 디자인 아이디어와 관련된 이미지를 시각적 실체로 변환하기 위해 물리적 형태로 발전시킨다. 디자이너는 이러한 형태전개 과정 시 자신의 창의력에 따라 다양한 형태를 개발할 수 있다.

공간을 디자인할 경우 형태전개와 관련하여 보편적이고 기본적으로 적용할 수 있는 형태의 범주를 생각할 수 있다. 특히 조경디자인에 있어서는 형태를 이끌어내는데 가장 많이 사용되는 두 가지의 기본형태를 생각할 수 있다. 하나는 논리학, 수학, 기하학에 근거를 두고 체계적 질서의 엄격한 법칙을 따르는 기하학적 형태이다. 또 다른 하나는 자연주의에 근거를 두고 직관적이고 임의적인 법칙을 따르는 자연적 형태이다. 전자의 형태를 적용하면 강력한 통일감이 있는 공간을 만들 수 있고, 후자의 형태를 적용하면 변화 있고 여유 있는 공간을 만들 수 있다.

1. 기하학적 형태주제

Reid(1993)는 형태전개 과정에서 디자이너의 의도, 대상지의 현황, 이용자의 욕구 등에 따라 선택할 수 있는 형태주제를 크게 ① 기하학적 형태와 ② 자연적 형태로 구분하였다. 이 가운데 기하학적 형태는 1차적으로 ① 사각형, ② 삼각형, ③ 원형의 기본도형으로부터 출발하여, 2차적으로 ① 90° 직각형태, ② 45°/90° 각의 형태, ③ 30°/60° 각의 형태, ④ 원 위의 원형 ⑤ 동심원과 반지름형, ⑥ 호와 접선형, ⑦ 원의 분할형, ⑧ 타원형, ⑨ 나선형으로 발전된다고 하였다.

한편 디자인을 위한 형태주제와 관련하여 Blackwell(1990), Dondis(1973), Grillo(1975), Reid(1993) 등은 각각의 형태가 지니는 상징성, 의미, 디자인 특성, 공간감 등에 대해 거론한 바 있다.

다음 그림은 이상과 같은 형태주제 및 관련 내용을 필자가 종합하여 도표로 정리한 것이다.

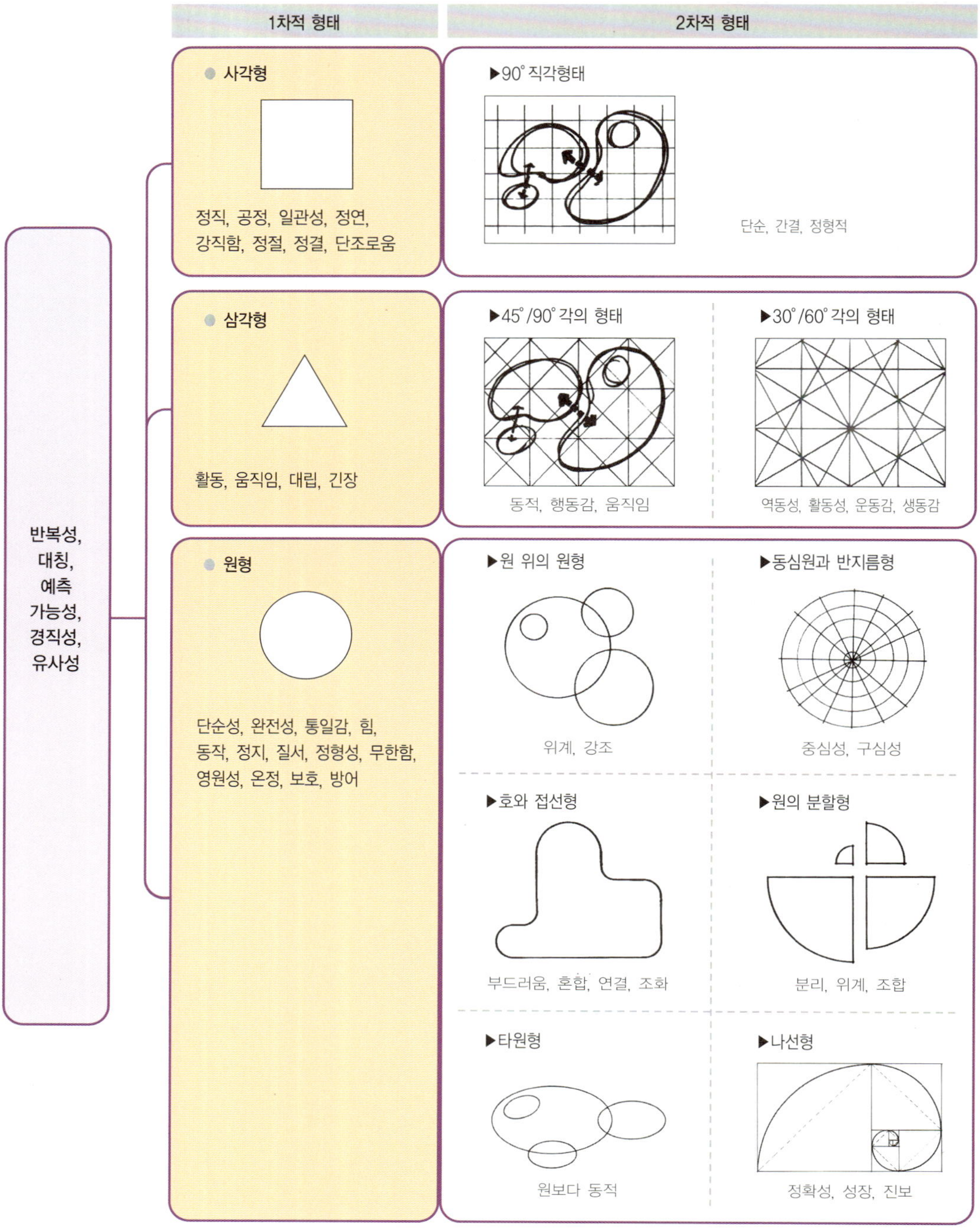

디자인을 위한 기하학적 형태주제 및 관련 내용

_자료 : Blackwell(1990) pp.21~127, Dondis(1973) pp.44~46, Grillo(1975) pp.36~41, Reid(1993) pp.15~42의 내용을 종합 · 정리하여 작성

다음은 기하학적 형태에 속하는 아홉 가지 형태주제와 관련된 세부적인 내용이다. 제시된 경관들은 각각의 형태주제에 따라 디자인된 다양한 공간의 모습을 보여준다.

1) 90° 직각형태 (The 90° Rectangular Theme)

90° 직각형태는 인공 환경에서 공간을 구성하는 가장 보편적인 형태주제이다. 이 형태는 축에 의한 대칭적 공간을 형성하기 위해 가장 손쉽게 적용할 수 있고, 종종 정형성과 규칙성을 표현하는 구조적인 토대로서 활용된다. 90° 직각형태는 형태를 구성하기가 아주 쉬워 여러 가지 건물 재료와 관련이 있으며 시공에 있어 적용이 용이하다.

Heiner Rodel의 Union Bank Park, Switzerland _출처 Cerver(1994) Urban Spaces I p.144

SWA Group의 Cambridge Center Garage _출처 The SWA Group p.36

Piazza of the Neve Tzedek Dance and Theater Center, Tel Aviv, Israel _출처 Cottom-Winslow(1991) p.149

SWA Group의 Hyatt Regency Scottsdale at Gainey Ranch _출처 The SWA Group p.19

Dan Kiley의 North Carolina National Bank Plaza, Tampa, Florida _출처 Process Architecture(1993) p.30

Ohtori Consultant Co.의 Maoi Auto Land/Water Park, Japan _출처 Miyagi(1996) p.103

Grupo de Diseño Urbano의 Xochimilco Park, Mexico _출처 Cerver(1994) Urban Spaces II p.36

Frank Lloyd Wright의 Fallingwater _출처 Adams(1993) p.192

A Garden
_출처 Douglas, Frey, Johnson, Littlefield and Valkenburgh(1984) p.181

A Hotel, Bali, Indonesia

Martha Schwartz의 Turf Parterre Garden, New York

Charles Jencks and Buzz Yudell의 The Elemental House, Rustic Canyon, Santa Monica _출처 Architecture and Urbanism(1986) p.120

Lawrence Halprin의 Seattle Freeway Park, Seattle, Washington _출처 Lyall(1991) p.35

Martha Schwartz의 Dickenson Residence, Santa Fe, New Mexico _출처 Richardson(2004) p.165

Martha Schwartz의 Becton Dickinson, San Jose, California

Martha Schwartz의 Stella Garden, Bala-Cynwyd, Pennsylvania

Athena Tacha의 Streams, Oberlin, Ohio _출처 Beardsley(1989) p.107

2) 각의 형태

(1) 45°/90° 각의 형태(The 45°/90° Angular Theme)

45°/90° 각의 형태는 직각을 이루는 두 개의 그리드를 45° 각도로 회전시켜 배치하면 만들 수 있다. 이 형태는 역동적이고 공간에 생동감을 부여한다. 45°/90° 각의 형태에서 얻을 수 있는 각도는 45°, 90° 혹은 135°이다. 이 가운데 예각인 45° 각도의 공간은 종종 비기능적인 공간이 될 수 있고 유지관리의 문제가 발생할 수 있으며 구조적으로 튼튼하지 않고 위험하거나 안전하지 못한 모서리 공간이 될 수도 있다.

Chiba Central Park, Japan _출처 Urban Pavement Design(1990) p.187

SWA Group의 Phoenix Tower Roof Garden in Houston, Texas _출처 The SWA Group p.37

Ohune Architect & Associates의 Yamanashi Arts Park, Japan _출처 Process Architecture(1992) p.12

SWA Group의 Fountain Court at Curtis Center in Philadelphia _출처 The SWA Group p.26

(2) 30°/60° 각의 형태 (The 30°/60° Angular Theme)

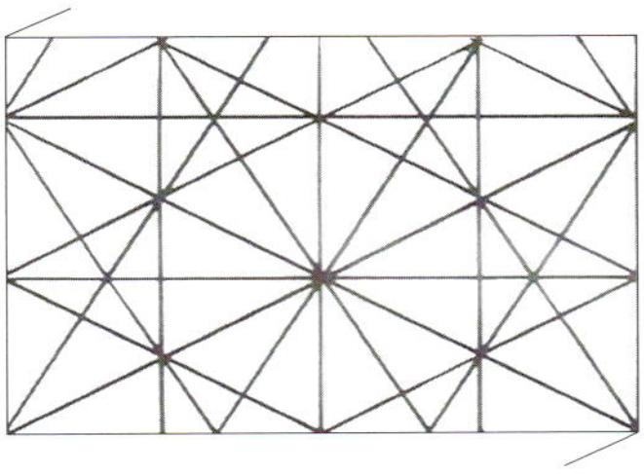

30°/60° 각의 형태는 공간에 활동성과 운동감을 가져다준다. 이 형태에서 얻을 수 있는 모양 가운데 6각형이 있다. 30°/60° 각의 형태는 45°/90° 각의 형태에서와 마찬가지로 예각인 30°와 60° 각도에서 불편하고 관리하기에 어렵거나 위험한 모서리 공간이 생길 수도 있다.

Robert Zion의 Statue of Liberty, New York _출처 Process Architecture(1991) p.68

SWA Group의 Santa Teresa Laboratory, California _출처 The SWA Group p.33

The SWA Group의 Harlequin Plaza, Greenwood Village, Colorado _출처 Lyall(1991) p.47

Philip Johnson의 Sculpture Garden, Museum of Modern Art _출처 Adams(1993) p.182

M. Paul Friedberg의 Olympic Plaza in Calgary _출처 Favole(1995) p.143

3) 원의 형태

(1) 원 위의 원형(Circles on Circles)

원이 갖는 힘은 단순성이다. 또한 빠진 것이 없는 완전한 통일성과 전체성이다. 원은 움직임과 정지라는 이중성도 가지고 있다.

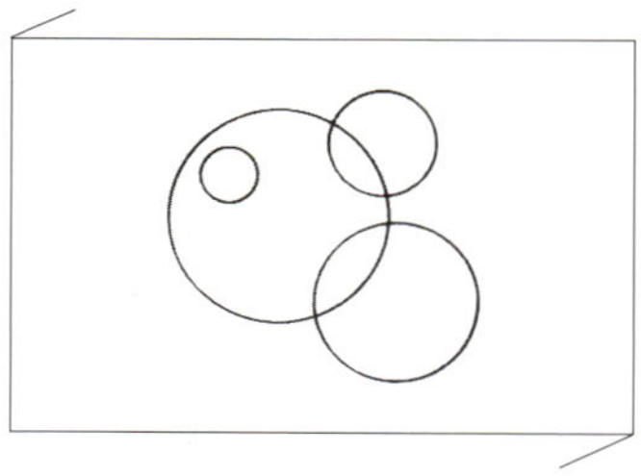

Borobudur in Java, Indonesia

Borobudur in Java, Indonesia

Charles Moore의 Piazza d'Italia, New Orleans, Louisiana

Peter Walker William Johnson & Partners의 Center for Advanced Science and Technology, Japan _출처 Miyagi(1996) p.58

Peter Walker William Johnson & Partners의 Center for Advanced Science and Technology, Japan _출처 Miyagi(1996) p.59

Ohune Architect & Associates의 Yamanashi Arts Park, Japan _출처 Process Architecture(1992) p.13

Karl Bauer의 R+V-Versicherung Gardens, Karlsruhe, Germany _출처 Cerver(1994) Business and Corporation Parks, Roof Gardens p.112

A Hotel

EDAW의 The Hughes Center, Nevada _출처 Process Architecture(1994) p.100

Dan Kiley의 Silicon Valley Financial Center Plaza, San Jose, California _출처 Process Architecture(1993) p.54

Martha Schwartz의 The Center for Innovative Technology(CIT) Complex _출처 Landscape Architecture 80, January(1990) p.50

Martha Schwartz의 The Citadel, City of Commerce, California

Martha Schwartz의 Jacob Javits Plaza, New York _출처 Berrizbeitia and Pollad(1999) p.150

Nancy Holt의 Dark Star Park, Rosslyn, Virginia _출처 Beardsley(1989) p.134

Helio Piñon and Albert Viaplana의 The Sants Station Square in Barcelona _출처 Favole(1995) p.185

A Park

Daniel Buren의 Les Deux Plateaux at the Palais Royal _출처 Favole(1995) p.173

Arthur A. Shurcliff의 The Governor's Palace _출처 Adams(1993) p.126

Itsuko Hasegawa Atelier의 Shonandai Cultural Center, Japan _출처 Cerver p.91

Herbert Bayer의 Mill Creek Canyon Earthworks, Kent, Washington
_출처 Beardsley(1989) p.93

Martha Schwartz의 Center for Innovative Technology, Fairfax, Virginia
_출처 Richardson(2004) p.61

Martha Schwartz의 Miami International Airport Sound Attenuation Wall, Miami, Florida

Carlo Scarpa의 Brion Cemetery _출처 Adams(1993) p.156

Martha Schwartz의 Whitehead Institute Splice Garden, Cambridge, Massachusetts

Martha Schwartz의 The Bagel Garden
_출처 Richardson(2004) p.31

A Hotel

A Park

(2) 동심원과 반지름형(Concentric Circles and Radii)

자연 속에서 찾아볼 수 있는 동심원과 반지름형의 대표적인 모습은 거미줄 모양의 그물 형태이다.

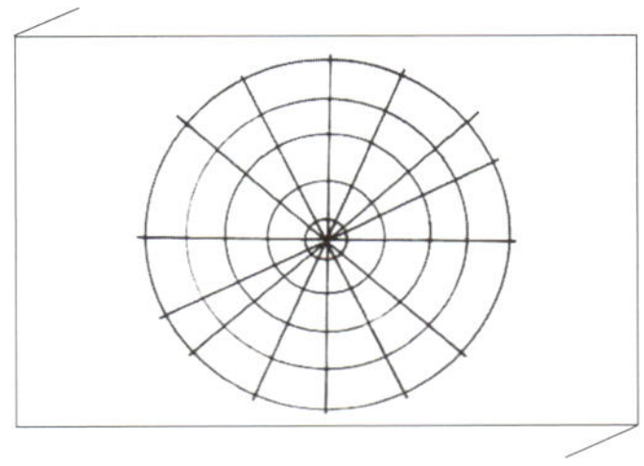

Diana Balmori의 Pacific Design Center Plaza, West Hollywood, California _출처 Cottom-Winslow(1991) p.131

Pavement Patterns _출처 Adams(1993) p.ii

Ryoko Ueyama Landscape Design Studio의 Bell Colline Minami Osawa, Tokyo _출처 Process Architecture(1992) p.155

(3) 호와 접선형(Arcs and Tangents)

호와 접선형은 원의 반지름이 직선과 90° 각도로 만나는 경우에 원호부분과 직선부분에 의하여 이루어지는 형태이다.

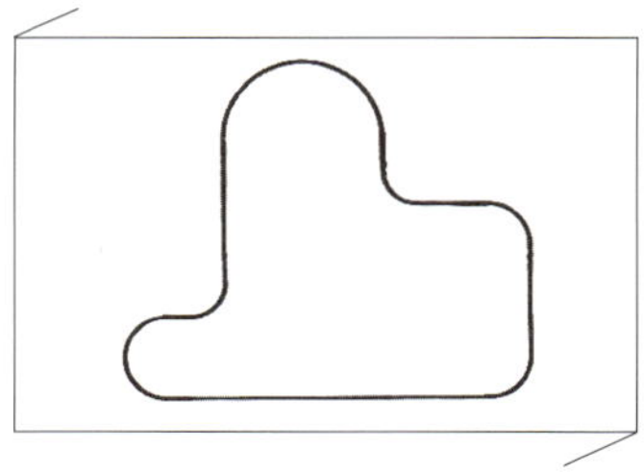

Trefoil Pool _출처 Church(1995) p.145

Peter G. Rolland and Associates의 New Parliament House, Canberra, Australia _출처 Fieldhouse and Harvey(1992) p.181

Robert Zion의 Weybosset Hill Public Open Spaces, Rhode Island _출처 Process Architecture(1991) p.73

SWA Group의 Revitalization of the Dallas West End Historical District
_출처 The SWA Group p.7

Grupo de Diseño Urbano의 Xochimilco Park, Mexico
_출처 Cerver(1994) Urban Spaces II p.34

Boston Waterfront _출처 Simo(1997) p.127

(4) 원의 분할형(Circle Segments)

원의 분할형은 원이 두 부분이나 네 부분, 혹은 파이 조각의 형태로 분할되고 각 부분들이 수평축과 수직축을 따라서 재구성될 경우에 만들어지는 형태이다.

SWA Group의 The Weyerhaeuser Research and Development Building, Tacoma, Washington _출처 The SWA Group p.14

Kalmann, McKinnell & Wood Architects의 Boston City Hall Plaza _출처 Favole(1995) p.15

Fletcher Steele의 Naumkeag _출처 Adams(1993) p.120

George Hargreaves Associates의
Plaza Park, San Jose, California
_출처 Cottom-Winslow(1991) p.108

(5) 타원형(The Ellipse)

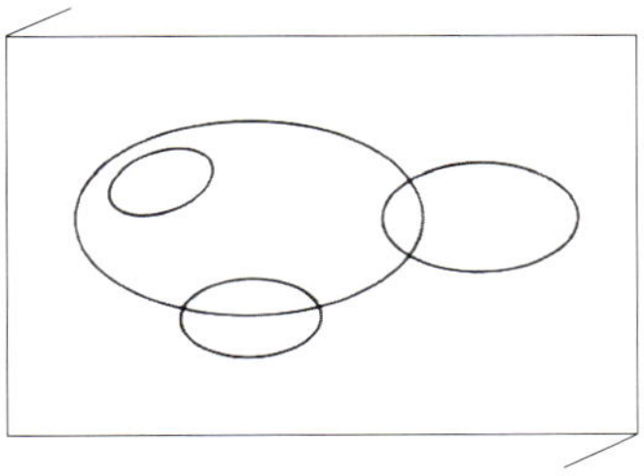

타원형은 원형보다 역동적인 속성을 갖는 형태이다. 그러나 여전히 엄격한 수학적 질서를 지닌 정형성을 보여준다.

Uenodesign Heads Co.의 Nacion Square, Japan _출처 Miyagi(1996) p.136

Arata Isozaki의 The Civic Center in Tsukuba, Japan _출처 Favole(1995) p.74

The Office of Peter Walker의 Solana, Westlake/Southlake, Texas _출처 Lyall(1991) p.223

Baile Oakes의 Gestation Palisades Park, Santa Monica, California _출처 Oakes(1995) p.38

(6) 나선형(The Spiral)

정확한 대수의 (logarithmic) 나선형은 황금분할에 의해 기하학적으로 만들 수 있다. 이러한 기하학적 나선형은 매력적인 수학적 정확성을 가지고 있다.

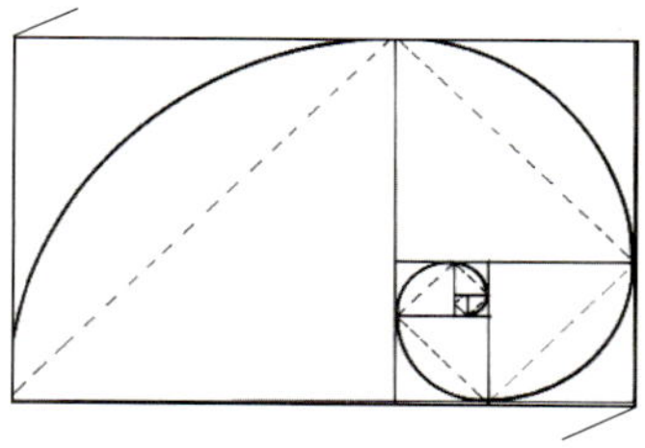

Hargreaves Associates의 Plaza Tower One, Englewood, Colorado
_출처 Fieldhouse and Harvey(1992) p.95

Grupo de Diseño Urbano의 Xochimilco Park, Mexico
_출처 Cerver(1994) Urban Spaces II p.33

Nihon Sekkei, Inc.의 Tropical Dream Center, Japan _출처 Process Architecture(1992) p.167

Chodai Inc.의 Sowa-machi Navel Park, Japan _출처 Process Architecture(1992) p.100

2. 자연적 형태주제

Reid(1993)는 자연적 형태로서 ① 구불구불한 형태, ② 자유 타원형과 부채꼴, ③ 자유 나선형, ④ 불규칙 다각형, ⑤ 유기체적 가장자리형, ⑥ 집합과 분열형이 포함된다고 논하였다. 한편 이러한 형태주제와 관련하여 Grillo(1975), Reid(1993) 등은 각각의 형태가 갖는 상징성, 의미, 디자인 특성, 공간감 등에 대해 거론한 바 있다.
다음 그림은 이상과 같은 형태주제 및 관련 내용을 필자가 종합하여 도표로 정리한 것이다.

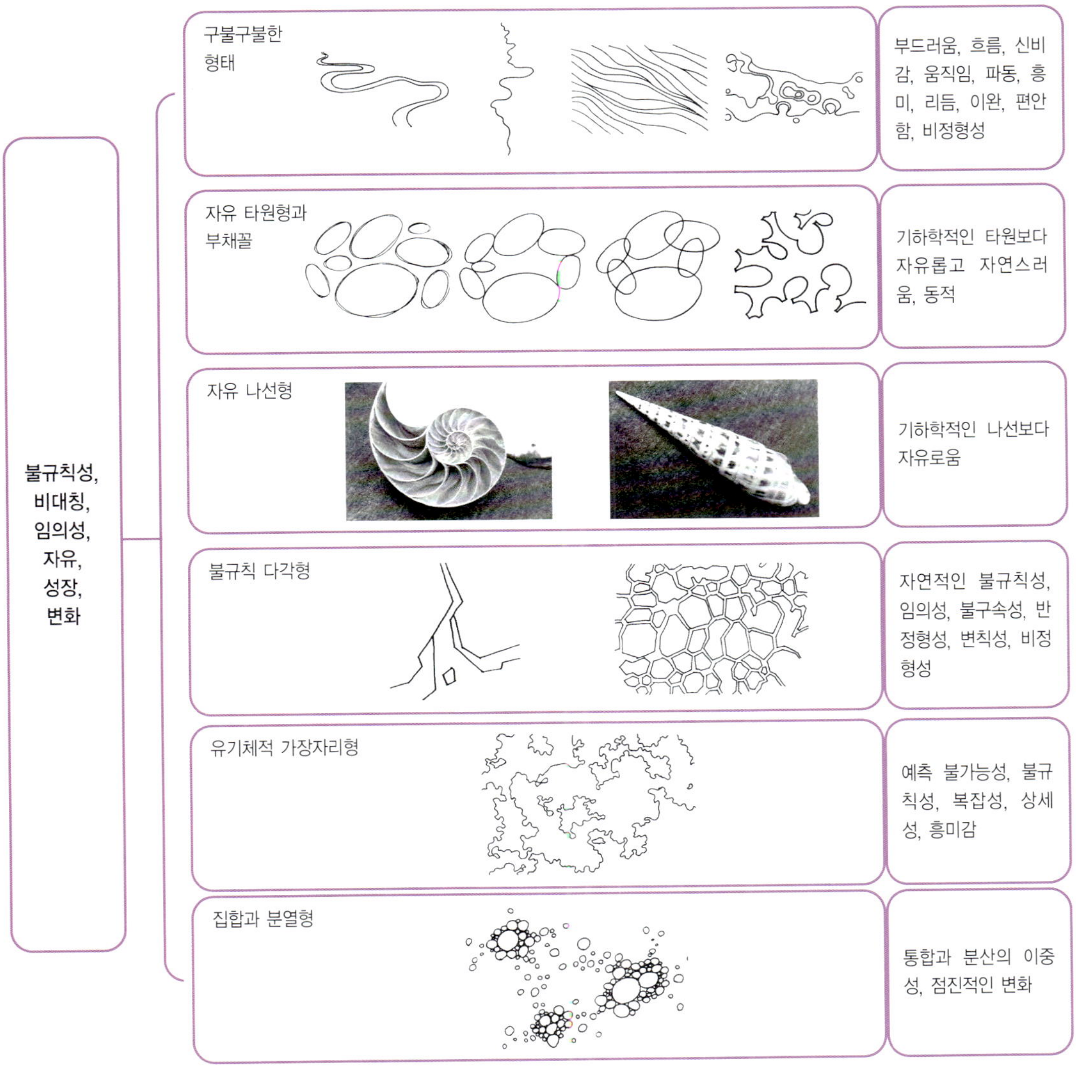

디자인을 위한 자연적 형태주제 및 관련 내용

_자료 : Grillo(1975) pp.42~47, 209~213, Reid(1993) pp.48~77의 내용을 종합 · 정리하여 작성

그림에서 보는 것처럼 각각의 형태는 고유의 성격과 특징, 의미를 지니며 심리적인 지각작용 및 연상작용을 불러일으킨다. 이것은 우리가 이들 물리적 형태를 자연 및 인공환경에 존재하는 형태들과 시각적으로 혹은 언어적으로 연관지어 그 속성을 인식하고 해석하는 특성이 있기 때문이다. 특히 디자이너에게는 형태와 관련된 이들 내용이, 추상적인 관념을 공간적으로 구현하는 데 도움이 되며 공간에 의미를 불어넣을 수 있는 매력적인 도구가 될 수 있다.

다음은 자연적 형태에 속하는 여섯 가지 형태주제와 관련된 세부적인 내용이다. 제시된 경관들은 각각의 형태주제에 따라 디자인된 다양한 공간의 모습을 보여준다.

1) 구불구불한 형태(The Meander)

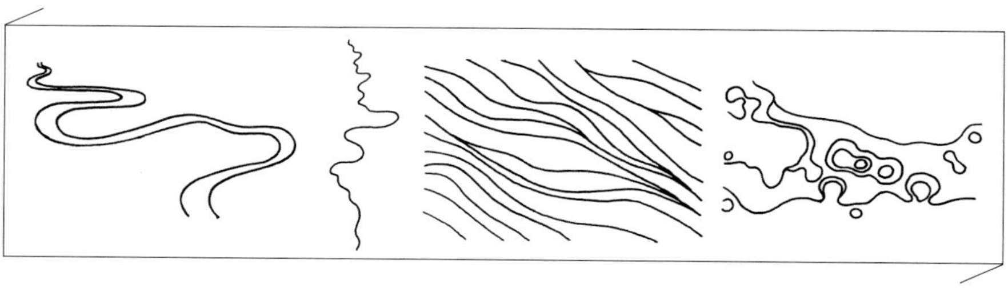

건조된 환경에서 정방형이 공간을 구성하는 가장 일반적인 형태주제인 것처럼, 직선이 아닌 구불구불한 형태는 조경디자인에서 가장 보편적으로 활용되는 자연적인 형태이다. 구불구불한 형태는 기능적인 측면에서 차량이나 보행자의 통행을 부드럽고 원활하게 수용하는 도로나 보행로의 형태로 선호된다. 또한 공간적인 맥락에서 종종 신비로운 공간감, 마음 편한 비형식적 분위기, 물 흐르듯한 흥미로운 리듬감을 제공한다.

Bruce Mackenzie & Associates의 Port Botany Open Space, Australia _출처 Cerver(1994) Urban Spaces III p.47

Robert Zion의 Cincinnati Riverfront Park, Ohio _출처 Process Architecture(1991) p.52

George Hargreaves의 Villa Zapu, Napa, California _출처 Process Architecture(1996) p.82

George Hargreaves의 Villa Zapu, Napa, California
_출처 Process Architecture(1996) p.85

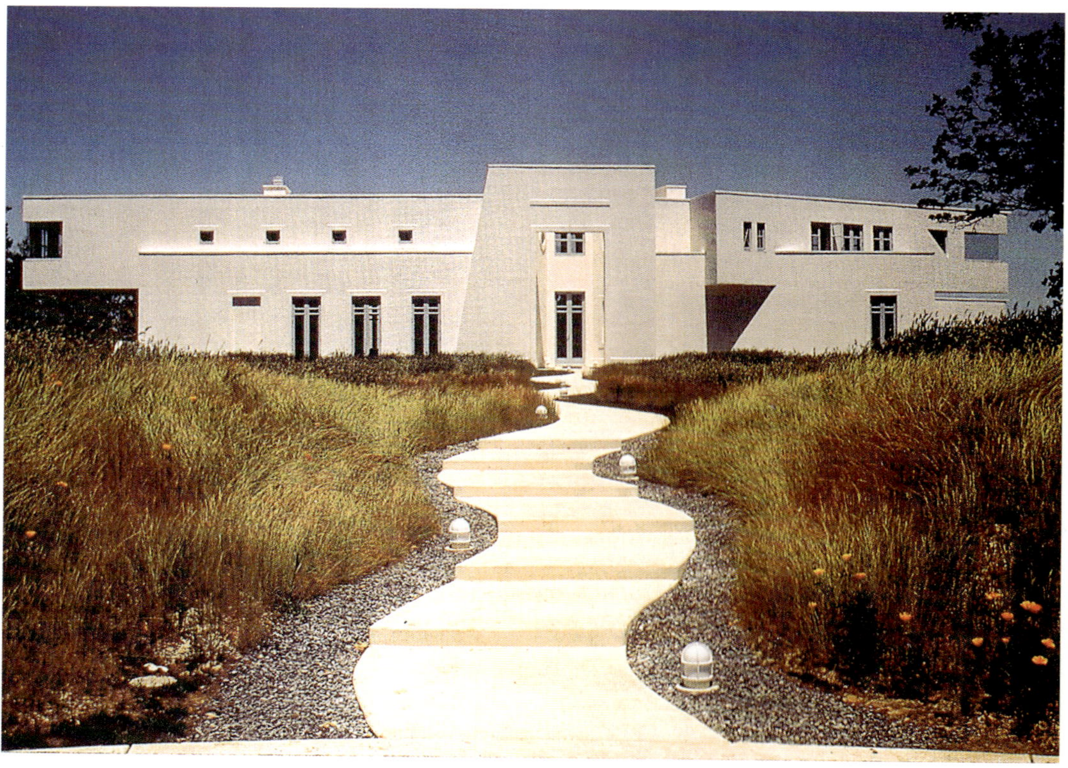

George Hargreaves의 Villa Zapu, Napa, California _출처 Process Architecture(1996) p.82

Fletcher Steele의 Naumkeag _출처 Adams(1993) p.118

Sasaki Associates의 GTE Telephone Operations Headquarters, Irving, Texas
_출처 Cerver(1994) Business and Corporation Parks, Roof Gardens p.200

Itsuko Hasegawa Atelier의
Shonandai Cultural Center, Japan
_출처 Process Architecture(1992) p.23

SWA Group의 Williams Square
in Las Colinas, Texas
_출처 The SWA Group p.47

Alvar Aalto의 Villa Mairea _출처 Adams(1993) p.147

SWA Group의 Plaza Alicante
in Garden Grove, California
_출처 The SWA Group p.22

Bernard Tschumi의 Le Parc de la Villette _출처 Adams(1993) p.199

Thomas Church의 El Novillero _출처 Adams(1993) p.208

Thomas Jefferson의
The Serpentine Wall, The University
of Virginia, Charlottesville, Virginia

SWA Group의 Arizona Center, Phoenix, Arizona _출처 Dixon(1999) p.255

Baile Oakes의 Gaia Tucker's Grove Park, Santa Barbara County, California _출처 Oakes(1995) p.41

Harvey Fite의 Opus 40, Saugerties, New York _출처 Beardsley(1989) p.88

Martha Schwartz의 Miami International Airport Sound Attenuation Wall, Miami, Florida

Nakane Garden Research & Landscape Consultant Co.의 Japanese Garden in Daisen Park, Japan
_출처 Process Architecture(1992) p.135

Martha Schwartz의 Jacob Javits Plaza, New York _출처 Berrizbeitia and Pollak(1999) p.151

포석정의 곡수거

2) 자유 타원형과 부채꼴(The Free Ellipse and Scallops)

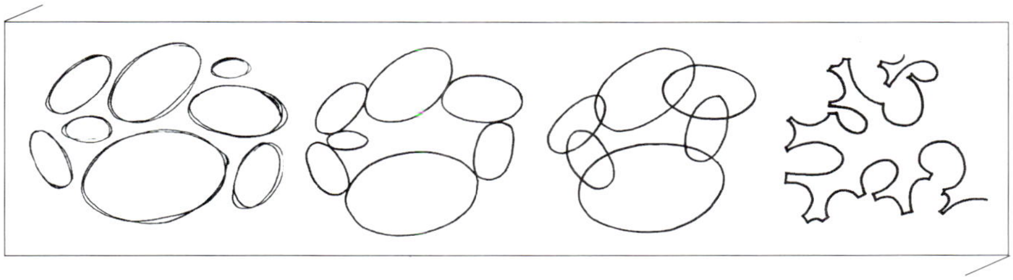

자유 타원형과 부채꼴은 기하학적인 타원형보다 자유롭고 자연스러우며 동적인 형태이다.

Roberto Burle Marx의 The Olivo Gomes Estate _출처 Adams(1993) p.137

Gio Ponti의 The Square in Eindhoven _출처 Favole(1995) p.50

3) 자유 나선형(The Free Spiral)

자유 나선형은 기하학적인 나선형보다 자유로운 형태이다. 자유 나선형에는 2차원적인 나선형과 3차원적인 나선형이 있다.

앵무조개 _출처 Oakes(1995) p.1

Josep Anton Acebillo Marín and Bernardo de Solá Susperregui의 Ronda de Dalt _출처 Cerver p.123

Robert Smithson의 Spiral Jetty, Great Salt Lake, Utah _출처 Beardsley(1989) p.21

Robert Smithson의 Spiral Jetty, Great Salt Lake, Utah _출처 Beardsley(1989) p.24

James Pierce의 Stone Serpent _출처 Beardsley(1989) p.71

Charles Ross의 Solar Burn Chateau D'Oiron Loire Valley, France
_출처 Oakes(1995) p.50

EDAW의 Canal City Hakata, Fukuoka, Japan
_출처 Dixon(1999) p.63

Singapore Botanic Gardens

Boris Podrecca의 The University Square in Salzburg _출처 Favole(1995) p.87

4) 불규칙 다각형(The Irregular Polygon)

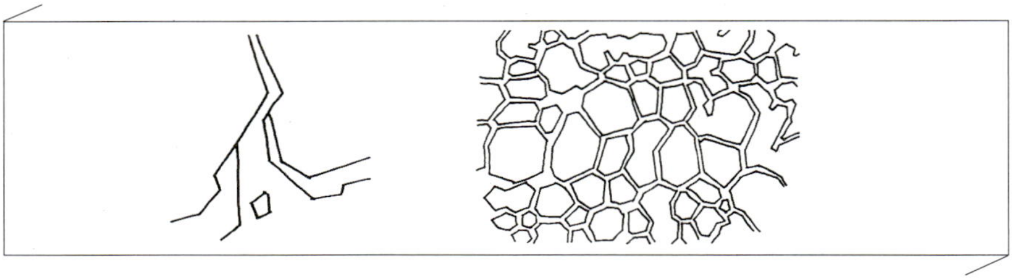

자연 속에는 수많은 직선적인 공간구성 체계가 있다. 예를 들어 화강석의 바위에 존재하는 불규칙적인 균열선은 기하학적 각도에 의해 형성되는 패턴과는 다른 모습을 보여준다. 불규칙 다각형에 있어서도 예각부분은 구조적으로 만들기 어려운 부분, 깨질 수 있는 포장면, 활용도가 떨어지는 공간, 유지관리가 용이하지 않은 공간이 될 수 있어 피하는 것이 좋다.

나무껍질 패턴

Andy Goldsworthy의 Cracked/Broken Pebbles, Lancashire, England _출처 Beardsley(1989) p.52

Andy Goldsworthy의 Heron Feathers _출처 Beardsley(1989) p.52

Arata Isozaki & Associates의 Tsukuba Plaza, Japan _출처 Cerver(1994) Urban Spaces I p.16

Tokyo Landscape Architects Inc.의 Kotodai Park, Sendai City, Japan _출처 Cottom-Winslow(1991) p.177

Gunnar Asplund의 Woodland Cemetery _출처 Adams(1993) p.138

Nella Golland a의 Flisvos Square _출처 Cerver p.75

Charles Jencks and Buzz Yudell의 The Elemental House, Rustic Canyon, Santa Monica _출처 Jencks(1987) p.162

Charles Jencks and Buzz Yudell의 The Elemental House, Rustic Canyon, Santa Monica
_출처 Architecture and Urbanism(1986) p.121

Fletcher Steele의 Naumkeag
_출처 Adams(1993) p.122

Charles Moore의 Piazza d' Italia,
New Orleans, Louisiana
_출처 Lyall(1991) p.43

5) 유기체적 가장자리형(The Organic Edge)

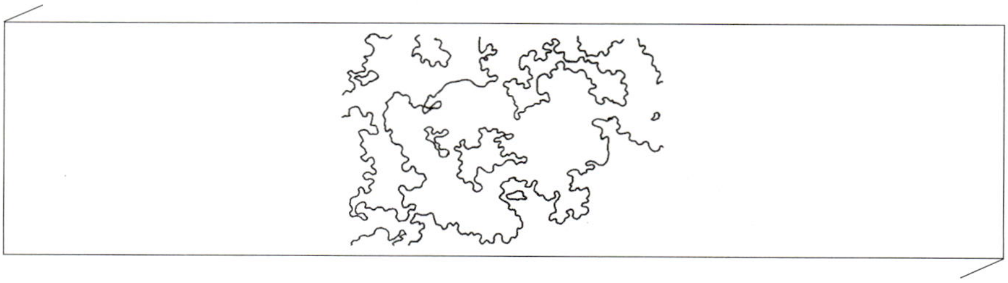

유기체적 가장자리형은 구불구불한 형태, 자유 타원형과 부채꼴, 자유 나선형, 혹은 불규칙 다각형보다 불규칙적이고 임의적이다. 이러한 유기적인 형태는 복잡하고 예측 불가능하다.

Saiho-ji, Japan
_출처 Francis and Hester, Jr.(1990) Cover

Richard Haag의 Garden of Planes, Bloedel Reserve, Bainbridge Island, Washington
_출처 Walker and Simo(1994) Plate 9

Bali, Indonesia

Magnolia Gardens Outside of Charleston, South Carolina _출처 Douglas, Frey, Johnson, Littlefield and Valkenburgh(1984) p.37

EDAW의 Ross's Landing, Tennessee _출처 Process Architecture(1994) p.69

Site의 Ross's Landing Park and Plaza, Chattanooga, Tennessee
_출처 Dixon(1999) p.221

Suizenji Ezu-ko Park, Japan _출처 Urban Pavement Design(1990) p.205

Isamu Noguchi의 California Scenario in Costa Mesa _출처 Favole(1995) p.154

Maki and Associates의 Tepia, Tokyo _출처 Process Architecture(1992) p.35

A Park

Isamu Noguchi의 California Scenario in Costa Mesa _출처 Favole(1995) p.155

A Plaza

Itsuko Hasegawa Atelier의 Shonandai Cultural Center, Japan
_출처 Process Architecture(1992) p.21

Itsuko Hasegawa Atelier의 Shonandai Cultural Center, Japan _출처 Cerver p.90

Itsuko Hasegawa Atelier의 Shonandai Cultural Center, Japan _출처 Process Architecture(1992) p.18

Site의 Horoscope Ring, Toyama, Japan _출처 Dixon(1999) p.222

A Hotel, Bali, Indonesia

Baile Oakes의 Gaia Tucker's Grove Park, Santa Barbara Courty, California _출처 Oakes(1995) p.41

Andrew Leicester의 Ohio River Walk from Cincinnati Gateway, Sawyer Point Park, Cincinnati, Ohio
_출처 Beardsley(1989) p.147

Takano Landscape Planning Co.의 Anbayama Park, Japan
_출처 Miyagi(1996) p.158

Gaudi의 Parque Güell _출처 Solà-Morales(1983) p.84

6) 집합과 분열형(Clustering and Fragmentation)

집합과 분열형은 통합과 분산이라는 이중성을 가지고 있다. 집합과 분열형은 공간을 구성하는 요소들이 점진적으로 밀집되거나 분산되어 불규칙한 형태를 이루는 것이다.

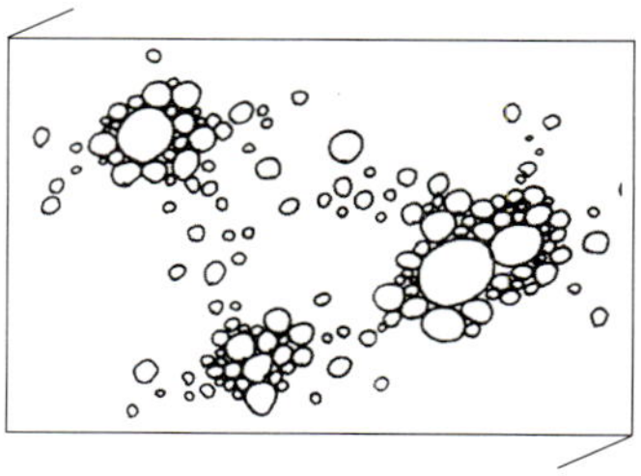

A Park

Botanical Gardens

SWA Group의 Arizona Center, Phoenix, Arizona _출처 Dixon(1999) p.254

Pavement Patterns

Site의 Ross's Landing Park and Plaza, Chattanooga, Tennessee
_출처 Dixon(1999) p.221

Tokyo Landscape Architects의 Nanasawa Forest Park, Japan
_출처 Cerver(1994) p.58

Landscape Architecture

IV

디자인 형태주제 구성연습

1. 기하학적 형태주제

2. 자연적 형태주제

디자인 형태주제 구성연습

조경디자인이란 우선 디자인 과정을 거쳐 형태라는 매개물을 통해 시각적으로 표현되고, 이후 시공과정을 거쳐 3차원적 현실 공간 속에 구현됨을 목표로 한다. 따라서 디자이너가 옥외환경 디자인에 있어 일차적으로 형태구성 수법을 터득함은 필수적이다.

필자는 현재 재직하고 있는 경희대학교 예술 · 디자인대학 환경조경디자인학과의 학생들에게 "조경기초디자인" 과목을 통하여 이러한 형태구성 수법을 훈련시킨다. 다음의 내용들은 15주 동안에 걸쳐 학생들이 조경디자인을 위한 열다섯 가지 형태주제와 관련된 디자인 과제를 수행한 결과물의 예이다. 과제물은 기하학적 형태에 속하는 아홉 가지 형태주제 및 자연적 형태에 속하는 여섯 가지 형태주제에 의해 디자인된 공간의 모습을 보여준다. 학생들은 이들 개인별 과제를 통해 조경 디자이너가 어떻게 디자인 목적, 주제, 컨셉을 가지고 출발하여, 공간 속에 상징적 의미를 담으며 기능적 형태를 이끌어내는지에 대해 배우게 된다.

1. 기하학적 형태주제

1주 : 90° 직각형태

최미혜

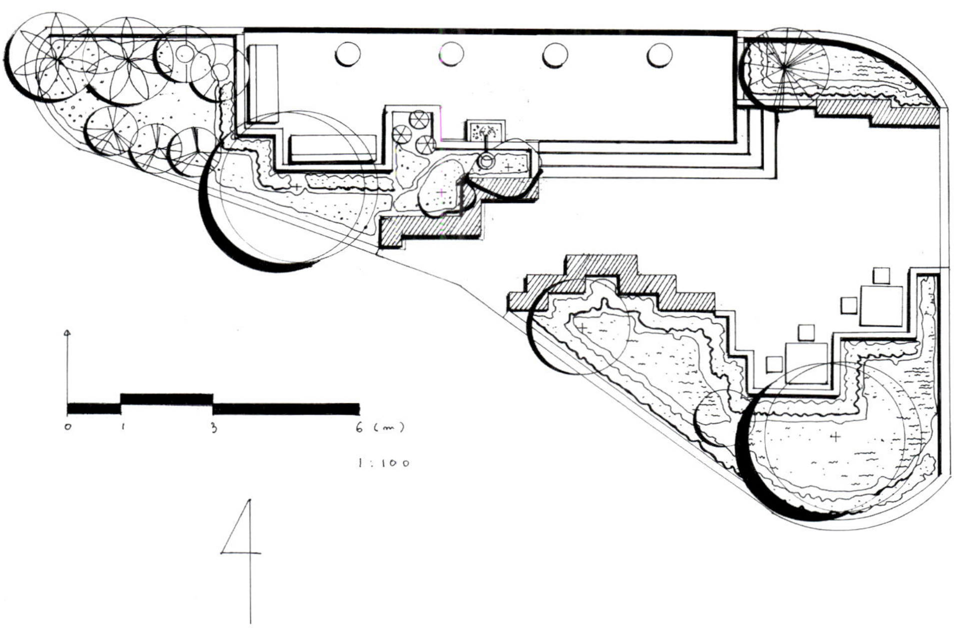

최미혜

2주 : 45°/90°각의 형태

오혜진

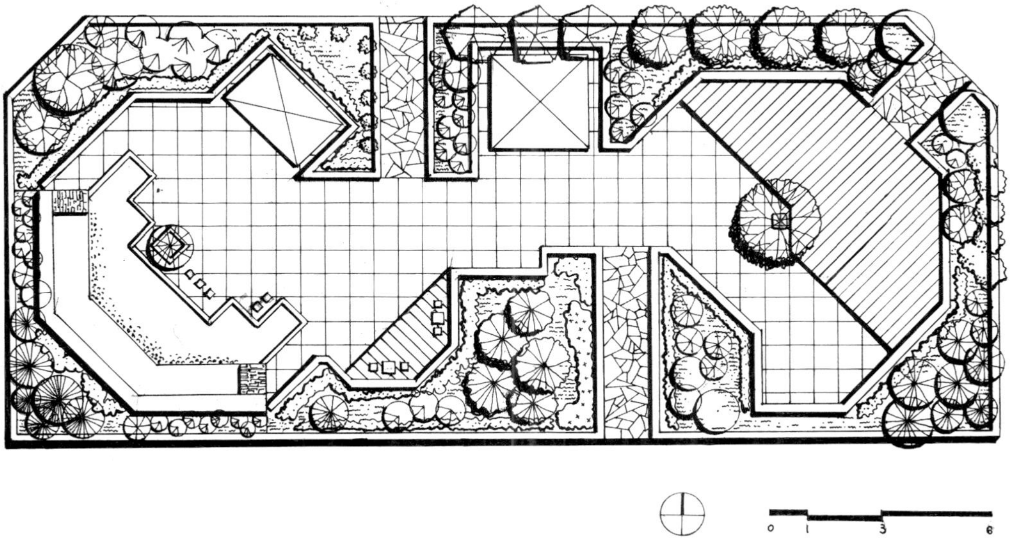

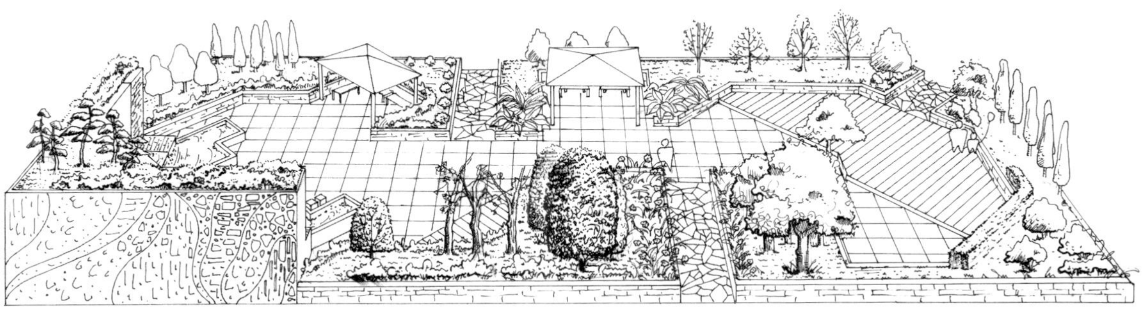

최미혜

3주 : 30°/60°각의 형태

최미혜

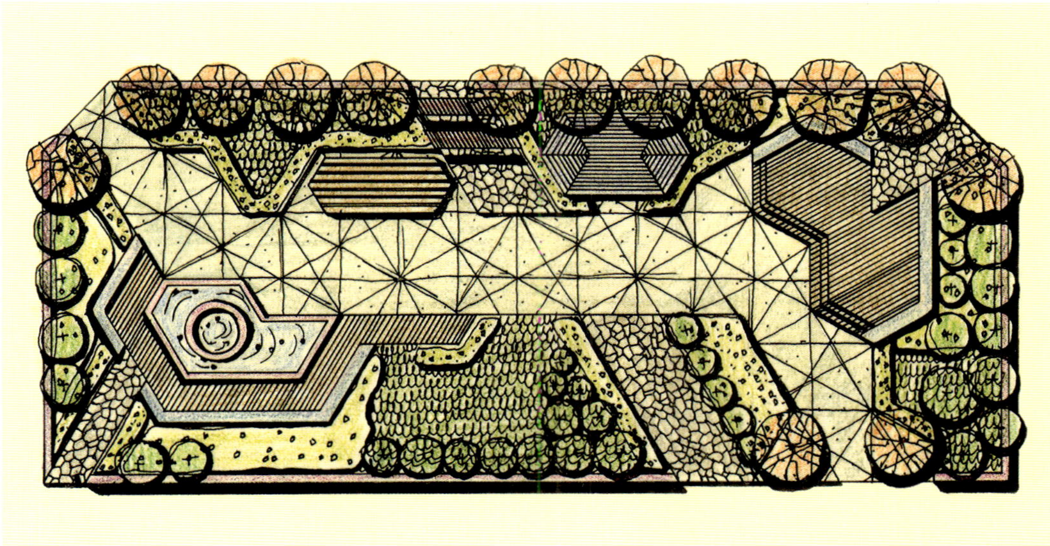

오혜진

4주: 원 위의 원형

최미혜

이미옥

최미혜

picnic shelter
comfort station
picnic table
Picnic shelter
walk
Truck and Trailer parking
Car parking
N
0 2 4 8 (m)
1 : 400

조혜진

5주 : 동심원과 반지름형

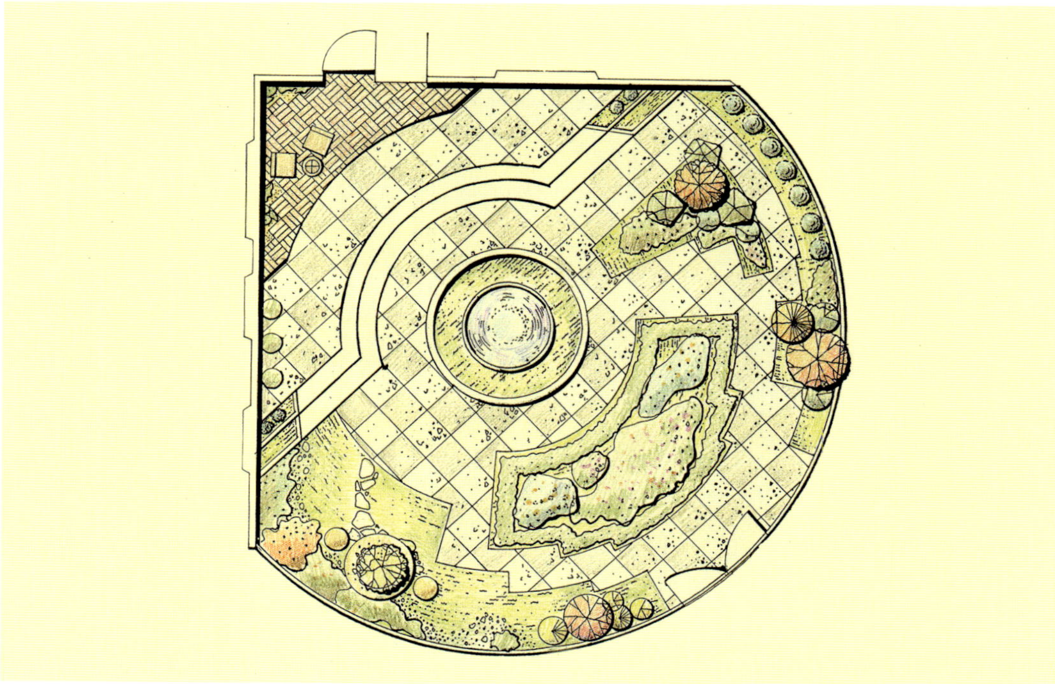

최미혜

6주 : 호와 접선형

김성은

7주: 원의 분할형

최미혜

8주:타원형

김성은

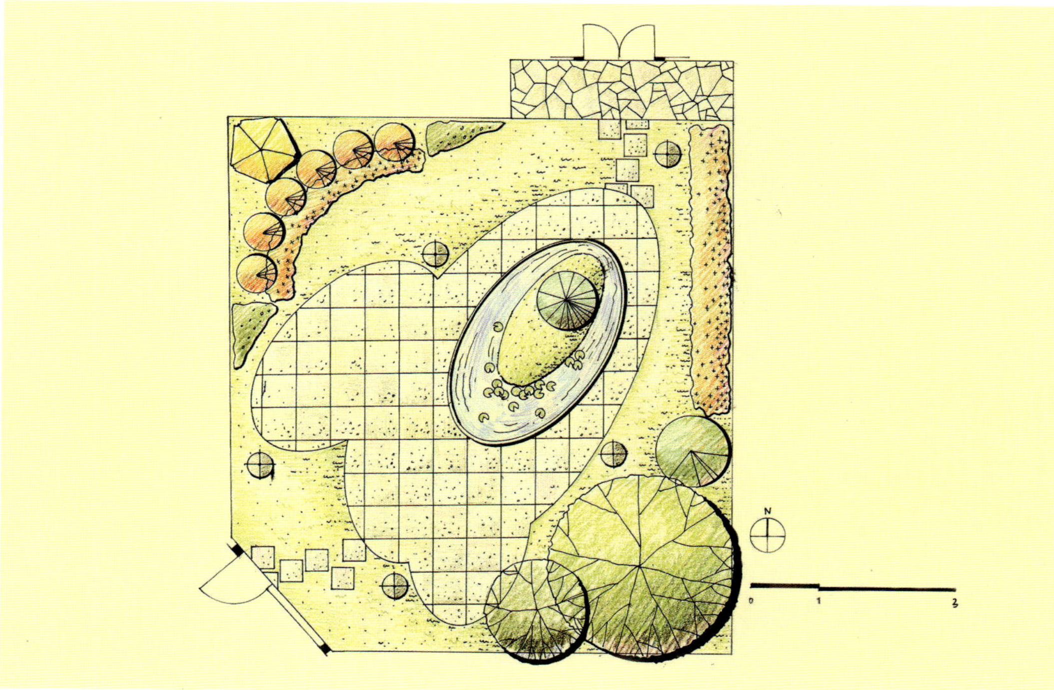

최미혜

9주 : 나선형

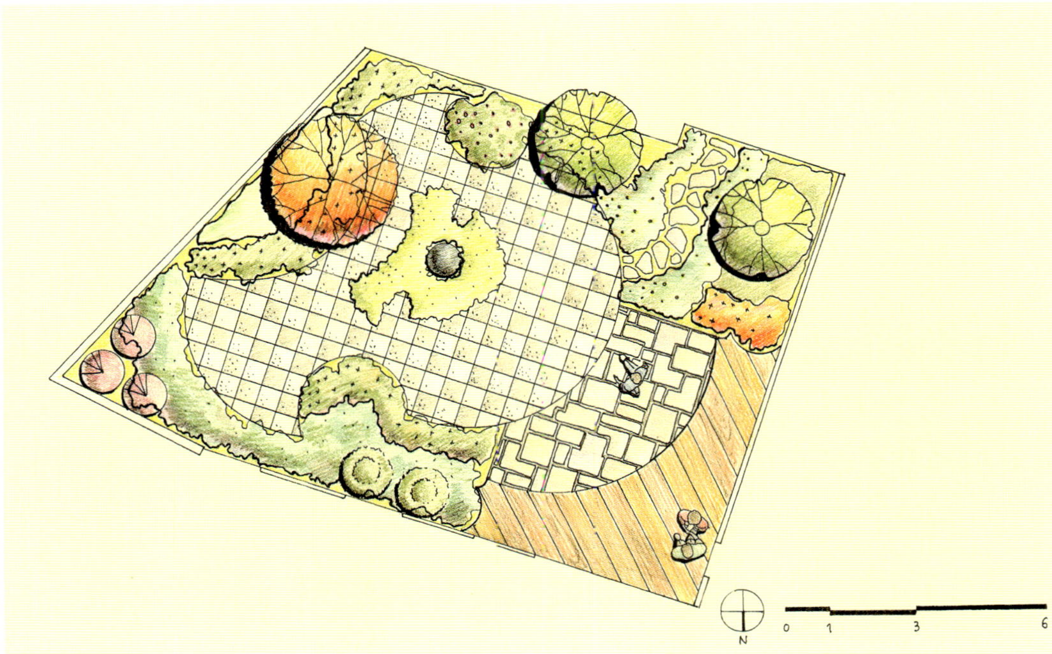

최미혜

2. 자연적 형태주제

10주 : 구불구불한 형태

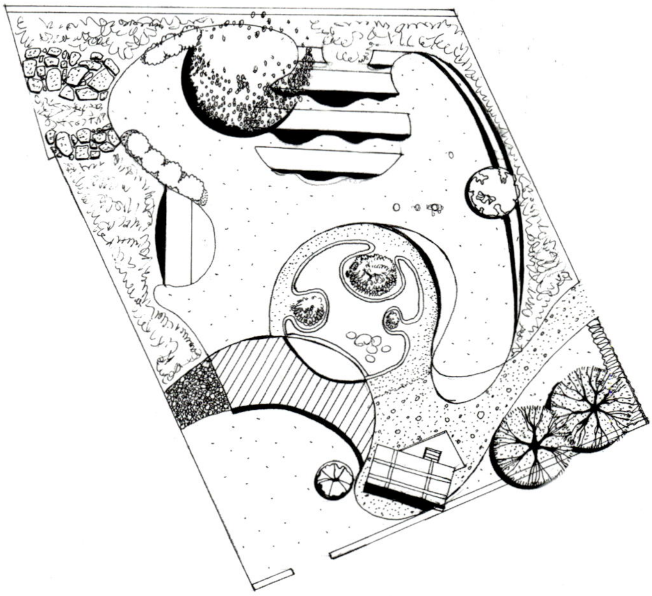

김주애

김주애

11주 : 자유 타원형과 부채꼴

김주애

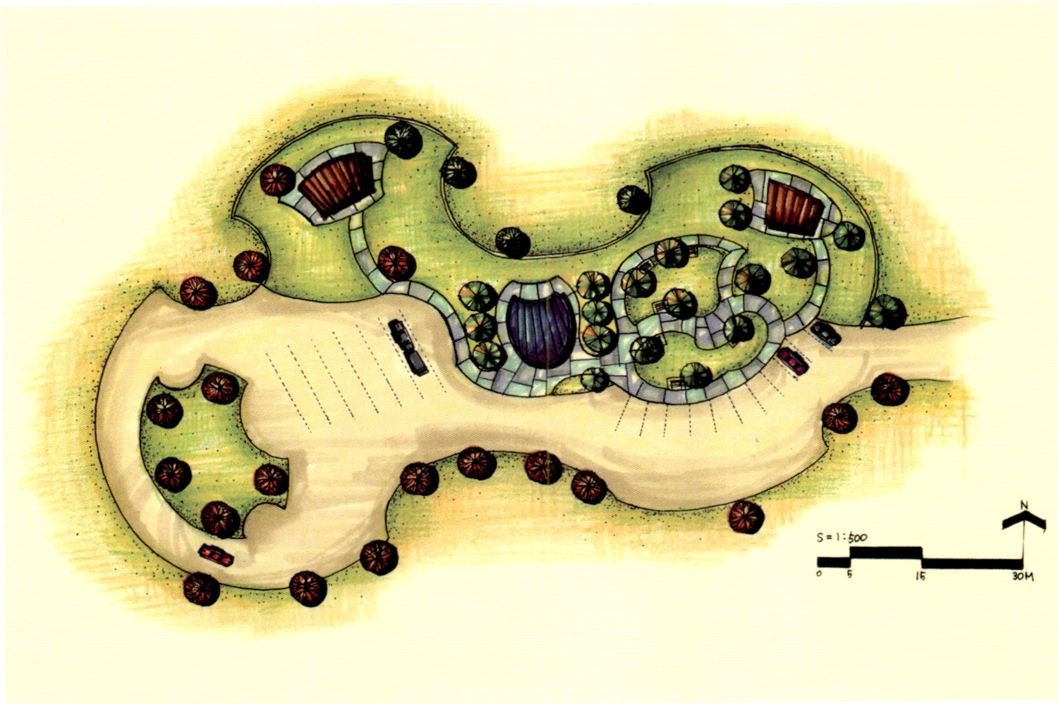

허윤아

12주 : 자유 나선형

현정혜

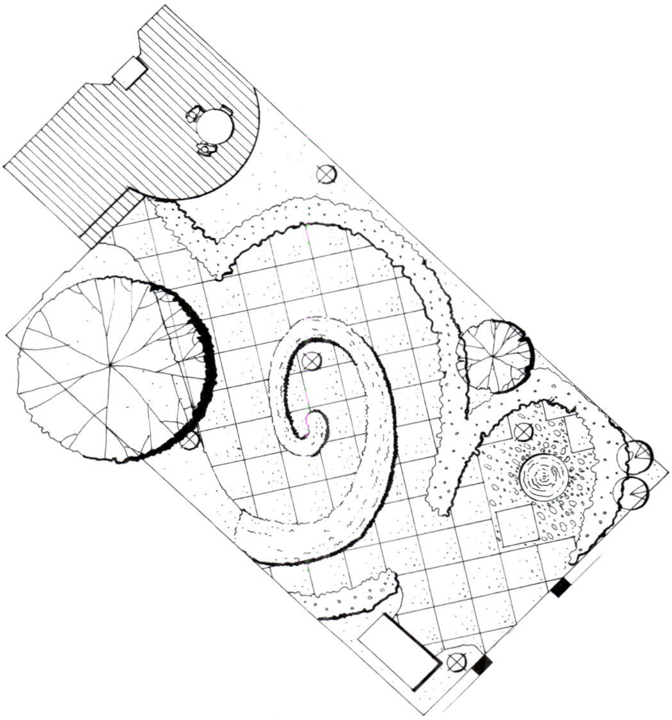

최미혜

조혜진

13주 : 불규칙 다각형

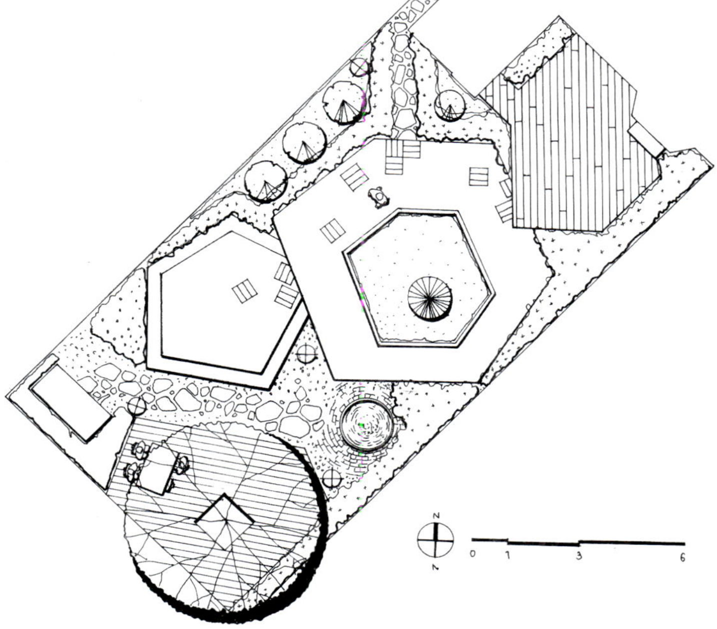

최미혜

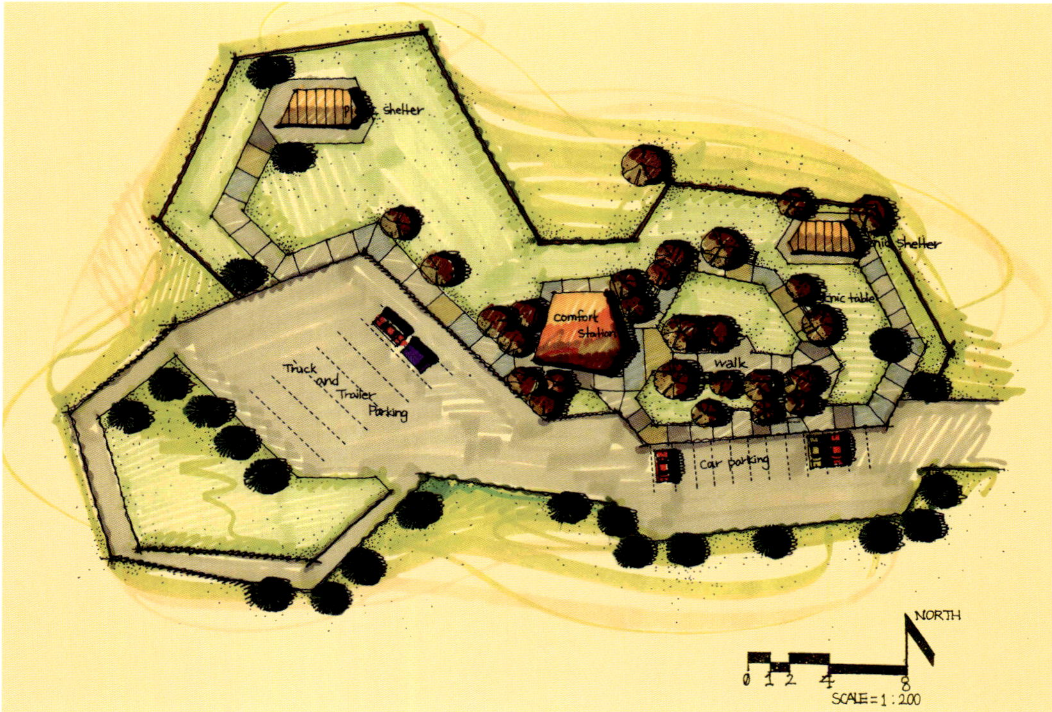
shelter
Picnic Shelter
Picnic table
Comfort Station
Walk
Truck and Trailer Parking
Car parking
NORTH
0 1 2 4 8
SCALE = 1 : 200

Comfort station
Picnic shelter
Picnic Shelter
Truck and Trailer Parking

조혜진

14주: 유기체적 가장자리형

현정혜

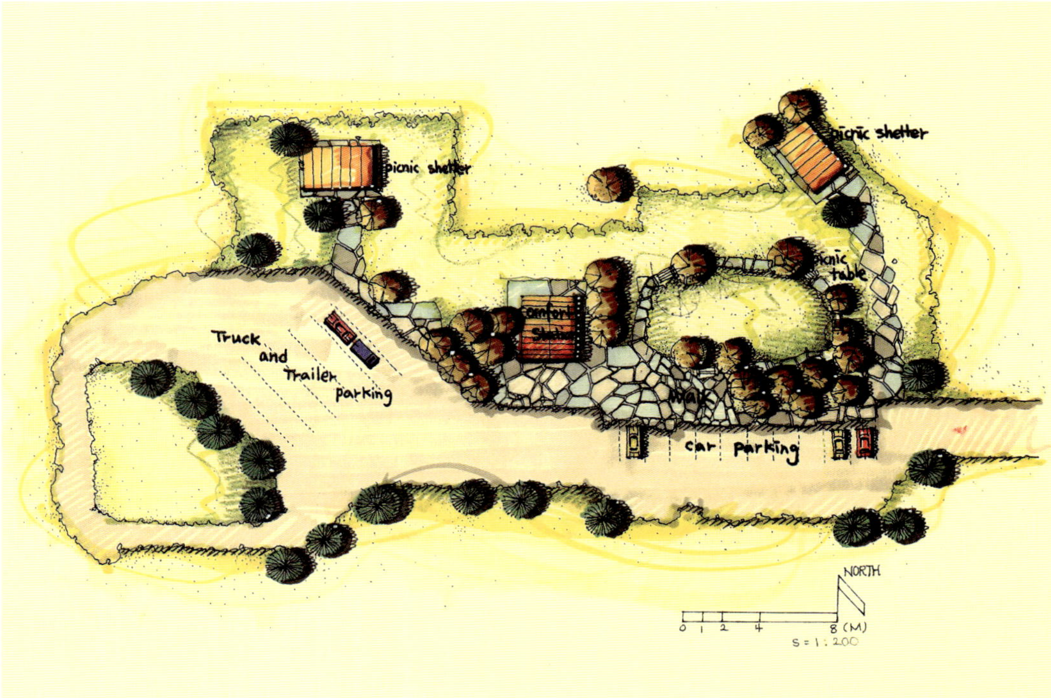
picnic shelter
picnic shelter
Truck and Trailer parking
car parking
NORTH
0 1 2 4 8 (M)
S=1:200

picnic shelter
Comfort station
picnic shelter
Car parking
Car & Trailer parking

조혜진

15주 : 집합과 분열형

김성은

최미혜

Landscape Architecture

V

디자인 원리

디자인 원리

1. 디자인을 위한 공간구성의 원리

조경디자인 분야에서 공간을 디자인할 경우 형태전개 과정과 관련하여 보편적이고 기본적으로 적용할 수 있는 형태주제에 관하여 살펴보았다. 조경 디자이너는 훌륭한 조경공간을 창조하기 위하여 디자인을 위한 공간구성의 원리에 기초하여 다양한 형태주제들을 조화롭게 통합하는 것이 필요하다. 디자인 과정에서 수행되는 디자인 원리의 적용은 컨셉 설정의 초기 단계에서부터 세부적인 공간의 모습을 구체적으로 디자인하는 최종 단계에 이르기까지 지속적으로 이루어져야 한다.

공간구성의 원리가 되는 디자인의 기본적인 원리를 살펴보면, Motloch(1991)의 지적대로 디자이너들은 공간을 구성하는 데 있어서 질서를 창조하기 위한 디자인 원리가 존재하고 이러한 원리가 공간을 시각적으로 지각하는 방식에 영향을 준다는 사실에 동의한다. 그러나 그들이 원리들을 범주화하고 그것에 이름을 부여함에는 어느 정도의 불일치가 존재한다.

예컨대 건축 분야에서는 Ching(1979)이 디자인 원리로서 ① 축, ② 대칭, ③ 위계, ④ 리듬/반복, ⑤ 기준, ⑥ 변형을 제시하였다. 한편 조경 분야에서는 VanDyke(1985)가 ① 통일성 – 반복, 모듈과 그리드, 주제, ② 균형 – 대칭, 비대칭, 방사형, ③ 강조 – 방향성, 배치와 대비, 크기와 수를 디자인 원리로서 제시하고 있다.
Motloch(1991)는 디자인 원리에 ① 통일성 – 연속성, 반복, 근접성, ② 강조와 초점화, ③ 균형 – 대칭적 균형, 비대칭적 균형, ④ 척도와 비례, ⑤ 리듬, ⑥ 단순성이 포함된다고 논하였다.

다음은 이상과 같은 디자인 원리의 내용을 필자가 종합하여 표로 정리한 것이다.

디자인을 위한 공간구성의 원리

디자이너	Ching	VanDyke	Motloch
디자인 원리	축	통일성: 반복, 모듈과 그리드, 주제	통일성: 연속성, 반복, 근접성
	대칭		
	위계	균형: 대칭, 비대칭, 방사형	강조와 초점화
	리듬/반복		균형: 대칭적 균형, 비대칭적 균형
	기준	강조: 방향성, 배치와 대비, 크기와 수	척도와 비례
	변형		리듬
			단순성

자료 : Ching(1979) pp.332~385, VanDyke(1985) pp.25~35, Motloch(1991) pp.132~138, 229~233의 내용을 종합 · 정리하여 작성

다음은 상기한 디자이너들에 의해 제시된 디자인 원리에 관한 세부적인 내용이다.

Ching(1979)은 건축공간 구성에 질서를 부여하기 위하여 이용할 수 있는 공간구성의 원칙을 다음과 같이 제시하였다.

① 축 : 축은 공간 내의 두 점으로 성립되며, 형태와 공간이 배열되는 데 중심을 이루는 선이다.

② 대칭 : 대칭은 하나의 일반적인 선(축) 또는 점을 중심으로 똑같은 형태와 공간으로 나누어지는 균형 있는 분배를 의미한다.

③ 위계 : 위계는 형태 혹은 공간과 관련하여 크기, 모양, 위치에 따라 중요성이 다르게 표출된다.

④ 리듬/반복 : 리듬/반복은 유사형태 혹은 공간을 연속적으로 구성하기 위한 반복 패턴의 이용과 그 결과로 생긴다.

⑤ 기준 : 기준은 형태 및 공간의 패턴을 한 가지로 모아서 구성하도록 하는 하나의 선, 면, 부피를 의미한다.

⑥ 변형 : 변형은 건축의 개념이나 구성이 유지되고 강화될 수 있으며 일련의 개별적인 조작 및 변환을 통하여 이루어질 수 있는 원칙을 의미한다.

VanDyke(1985)는 디자인 원리를 다음과 같이 제시하고 있다.

① 통일성 : 통일성은 디자인의 전체적인 통합을 의미한다. 즉 전체 디자인이 통합되어 엮어진 구조이다. 통일성은 요소들 중에서 유지될 수 있는 질서에 따라 이루어진다.

- 반복 : 디자인의 통일성을 정립하는 한 가지 방법은 기본 요소를 반복하는 것이다.
- 모듈과 그리드 : 단순한 모듈러를 사용하여 결합 또는 분할함으로써 디자인 전체를 통하여 통일적 특성을 유지할 수 있다. 그리드는 형을 정사각 또는 직사각의 균일한 연속 무늬로 분할하여 통일성을 이룩한다.
- 주제 : 디자인을 개발하고 통일성을 유지하는 하나의 기교로서 디자인을 위한 주제 또는 의미를 만들 수 있다.

② 균형 : 균형은 디자인의 평형상태를 의미하며 그에 따라 질서와 통일성의 동기가 증가된다.

- 대칭 : 대칭은 동일한 부분들이 하나의 축을 중심으로 배열되는 균형의 대표적인 예이다.
- 비대칭 : 비대칭은 복잡하지만 균형을 보다 확대시키는 방법이다. 비대칭 균형은 특징에 있어서 보다 자유롭다.
- 방사형 : 방사형 균형은 중심점 둘레의 두 개 혹은 그 이상의 유사 요소들이 반복되어 이루어진다. 방사형 균형은 디자인 내부의 운동감을 만들어내며 때때로 중심의 초점을 강조한다.

③ 강조 : 강조의 원리는 전체 요소들을 조직하여 디자인에 질서를 부여하도록 도움을 준다. 디자인의 몇 가지 요소 또는 측면들이 다른 것들보다 더욱 중요하다면 강조가 되어야 한다.

- 방향성 : 어느 요소가 강조됨으로써 주목하게 되어 특정한 방향으로 집중을 유도하며 방향성이 명확하게 나타난다.
- 배치와 대비 : 다른 요소들과 관련된 한 요소의 배치는 강조를 만들어낼 수 있다. 선, 형태의 대비와 명암 혹은 질감의 대비는 또한 강조를 나타내는 효과적

인 기법이다.

• 크기와 수 : 디자인에서 요소의 크기를 변화시킴으로써 강조를 나타낼 수 있다. 이미 사용된 요소의 수를 증가 또는 감소시키는 방법 또한 강조를 위한 기법이다.

Motloch(1991)는 디자인 원리에 다음과 같은 내용이 포함된다고 논하였다.

① 통일성 : 통일성 혹은 조화는 구성에서의 요소들이 함께 속하는 것을 의미하여 그것들은 시각적 연결성 혹은 관련성을 갖는다. 통일성은 구성에 있어서 응집성을 주며 이해하기 쉽게 만들어 준다.

• 연속성 : 연속성은 디자인 요소들의 계속을 의미한다. 점, 선, 형태, 색채 혹은 질감 등이 구성의 한 부분에서 다른 부분으로 계속될 수 있고 그것에 의해 통일성이 증대된다.

• 반복 : 시각적 통일성은 어떤 요소가 구성의 여러 부분에서 반복될 때 증대될 수 있다.

• 근접성 : 요소들은 구성에 있어서 그것들의 근접성에 기초하여 함께 뭉쳐질 수 있다.

② 강조와 초점화 : 구성의 한 부분이나 혹은 연속적으로 다양한 부분들에 주의를 집중시켜 강조와 초점화를 이룬다. 초점은 구성의 한 요소가 다른 것들과 현저하게 다를 때 생긴다.

③ 균형 : 균형에는 대칭적 균형과 비대칭적 균형의 두 가지 유형이 존재한다.

• 대칭적 균형 : 대칭적 균형은 구성에 있어서 축을 중심으로 형상이나 색채가 균형을 이루도록 하는 등의 동일성에 의한 균형을 말한다. 대칭적 균형은 정태적이며 소극적인 정형성의 속성을 지니고 있다.

• 비대칭적 균형 : 비대칭적 균형은 유사하지 않은 변수들의 조작을 통해 동등한 시각적 비중을 설정하여 이루게 한다.

④ 척도와 비례 : 척도와 비례는 상대적 크기를 해석하는 두 가지 방법이다. 척도는 인간이나 혹은 어떤 다른 측정 단위와의 관계에 있어서 크기를 말한다. 비례는 부분과 전체 혹은 부분과 부분간의 크기 관계를 말한다. 비례는 한 요소의 폭과 깊이에 대한 길이의 상대적 크기나 부분의 전체에 대한 크기를 말한다.

⑤ 리듬 : 리듬은 반복을 포함하고 유사한 항목들의 반복적 발생을 통해 구성을 통일한다.

⑥ 단순성 : 단순성은 시각적이고 경제적인 수단을 포함하는 개념으로서, 최소의 부분들로 최대의 의미를 전하는 것을 목표로서 추구한다.

2. 디자인의 기본원리

이상에서 살펴본 것처럼 디자인 원리는 분야별 특성, 연구의 성격, 디자이너의 주요 관점 및 분석 기준에 따라서 유형의 종류, 세분화의 정도, 용어의 사용 등에 다소의 차이가 있을 수 있다. 그러나 그 내용상 실질적으로는 많은 부분에서 유사성과 공통점을 지니고 있음도 알 수 있다.

필자는 상기한 디자이너들에 의해 제시된 디자인 원리를 종합하여 공통되는 원리를 도출하고 조경디자인에 필수적인 공간구성 원리를 추가하는 한편 Reid(1993)도 언급했던 공간조직의 시각적 원칙을 토대로 하여 다음과 같이 여덟 가지의 체계적이고 구조화된 디자인의 기본원리를 제시한다.

① 통일성(Unity) : 통일성은 전체적인 구성을 쉽게 파악하고 하나로 인식하기 위하여, 분리된 디자인 요소들을 연합시키는 것과 관련이 있다. 통일성은 다양한 경관 요소들을 전체적인 조직과 주제 안에 배열함으로써 각 부분이 하나로 결합되는 것을 의미한다. 선, 형태, 질감, 색채를 반복하여 각 부분들을 통합할 수 있다.

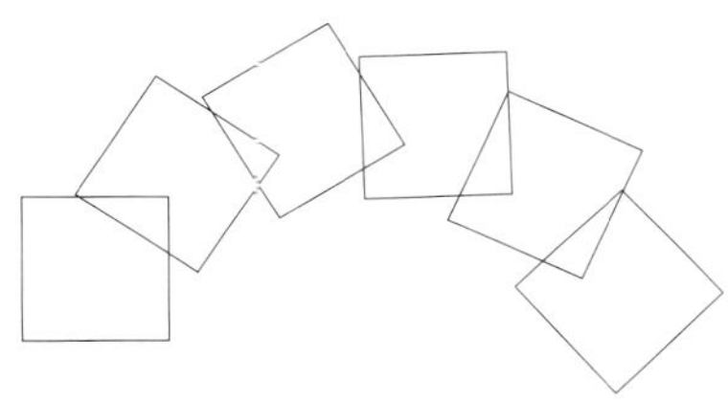

_출처 Reid(1993) p.87

② 조화(Harmony) : 조화는 통일성과는 대조적으로 요소들 사이의 관계성과 관련이 있다. 조화는 요소들 사이에서 일치된 상태를 의미한다. 요소들 상호간에 혼합되어 어우러지고 맞물리고 들어맞으면 조화를 이루는 것이다.

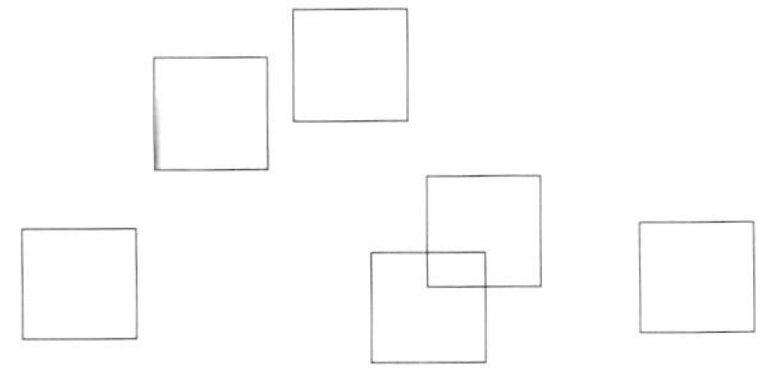

_출처 Reid(1993) p.87

③ 흥미(Interest) : 흥미는 호기심, 매력, 몰두의 느낌과 관련이 있다. 흥미는 미적인 만족을 느끼는 데 필요하며, 훌륭한 디자인을 위하여 필수적이다. 흥미는 형상, 크기, 질감, 색채에 다양성을 도입하고 방향, 움직임, 소리, 빛에 변화를 주게 되면 이루어진다.

_출처 Reid(1993) p.87

④ 단순성(Simplicity) : 단순성은 불필요한 부분들을 줄이거나, 제거하면 이루어진다. 선, 형태, 질감, 색채 등을 경제적으로 사용하면 이룰 수 있다. 그런데 지나치게 단순하면 단조롭고 지루할 수 있다. 다양성은 단순성의 반대가 되는 개념이다.

Luis Barragán의 The Stable Yard at San Cristobal, Los Clubes Residential Subdivision, Mexico City
_출처 Douglas, Frey, Johnson, Littlefield and Valkenburgh(1984) p.171

⑤ 강조/우세(Emphasis/Dominance) : 강조/우세는 경관 속의 어느 한 요소에 중요성과 의미가 부여되면 이루어진다. 이 경우에 이러한 요소와 그 주변은 초점이 되어 흡인력과 영향력을 지니게 되고 사람의 눈길을 끌어당기는 힘을 지니게 된다.

George Abraham Crawley의 Old Westbury Gardens, Old Westbury, New York
_출처 Adams(1993) p.80

⑥ 균형(Balance) : 균형은 물리적 힘이 평형을 이루고 있는 상태를 말한다. 균형은 안정됨을 의미하며 평화와 안전을 느끼게 한다. 균형에는 정형적인 균형과 비정형적인 균형이 있다. 정형적인 균형은 기하학적이고 대칭적이며 중심축의 양쪽에 유사한 요소들이 반복적으로 배치되는 특성을 보인다. 비정형적인 균형은 비기하학적이고 비대칭적이다. 비정형적인 균형은 종종 유동적이고 역동적이며 자연적이다. 또한 호기심과 움직임의 느낌을 불러일으킨다.

Diego Suarez의 Villa Vizcaya _출처 Adams(1993) p.86

Dr. Joachim Carvallo의 Villandry _출처 Adams(1993) p.94

⑦ 스케일과 비례(Scale and Proportion) : 스케일과 비례는 높이, 길이, 면적, 크기, 용적의 상대적인 비교와 관련이 있다. 스케일은 사람이나 혹은 기타 측정 단위와 관련해서 비교되는 상대적인 크기를 말한다. 비례는 부분과 전체 또는 부분과 부분 사이의 크기 관계를 나타낸다.

A Micro Scale _출처 Reid(1993) p.93

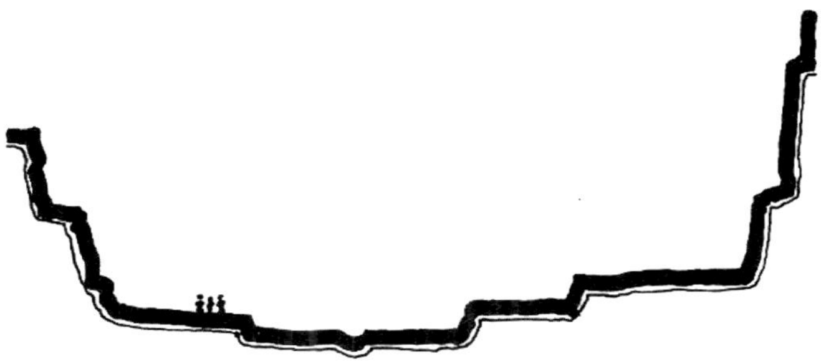

A Grand Scale _출처 Reid(1993) p.93

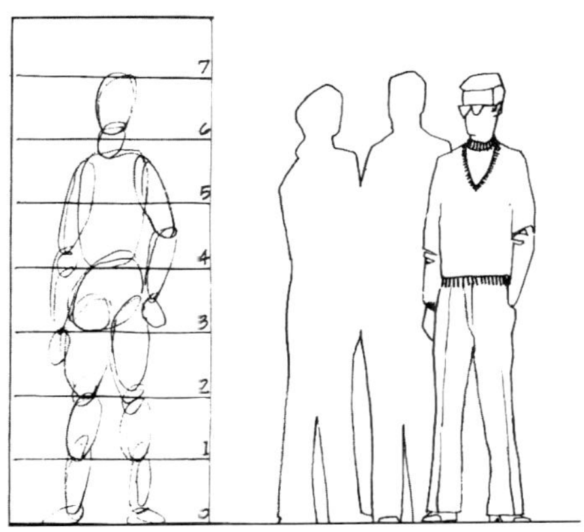

비례 _출처 Ching(1985) p.137

⑧ 연속성(Sequence) : 연속성은 움직임과 관련이 있다. 일련의 연계된 공간들은 연속성을 이룬다. 연속성을 이루는 효과적인 방법은 한 번에 모든 요소를 드러내지 않고 점진적으로 발견하도록 만드는 것이다. 기대감과 신비감을 가지고 연속적으로 공간을 탐구하게 하는 공간구성이 바람직하다.

Beatrix Farrand의 Dumbarton Oaks _출처 Adams(1993) p.107

Landscape Architecture

VI

디자인 선례연구

1. 선례연구
   — 창조적 디자인을 위한 접근 통로

2. 선례연구 예 1
   — 디자인 원리를 통한 작품분석

3. 선례연구 예 2
   — 형태주제를 통한 작품분석

디자인 선례연구

1. 선례연구 — 창조적 디자인을 위한 접근통로

조경디자인에서 창조성을 성취하는 데 활용할 수 있는 한 가지 접근방법으로서 선례연구(precedent study)를 들 수 있다. 선례연구는 디자이너의 상상력을 자극하고 아이디어를 풍부하게 만드는 데 도움을 준다. 훌륭한 디자이너들이 수행한 좋은 작품을 분석하여 얻은 교훈은 창조적인 디자인 작업에 밑거름이 된다. 혹시 천부의 재능을 지닌 디자이너에게 있어서는 이러한 자극이 오히려 창조성을 저해하는 요인이 될 수 있겠지만, 대부분의 디자이너에게는 선례연구를 통해 얻은 관련 지식과 축적된 이미지들이 편집 과정을 통해 창조적으로 디자인 과정에 반영될 수 있다.

미국의 건축교육 분야에서 주도적인 역할을 하고 있는 코넬대학교, 프린스턴대학교, 하버드대학교 등은 디자인 교육에 있어서 선례에 관한 전문화된 조사연구를 통해 창조성을 증진하는 교육방법을 강조하고 있다. 조경 분야에서도 선례연구를 조경디자인을 위한 출발점으로 활용해야 한다는 것이 공감되고 있다.
조경디자인은 디자이너의 지적이고 창조적인 능력을 요구한다. 창조적인 디자이너는 어떤 형태를 논리적으로 발전시키는 데 도움을 주는 본질적인 법칙과 외형의 구조 및 기하학적 형태, 내적인 요구사항들에 대한 이해에 바탕을 두고 디자인하는 사람이다. 학습과 노력을 통한 창조적인 디자인을 추구함에 있어서 하나의 접근통로가 될 수 있는 선례연구는 그것이 지닌 중요성과 필요성에도 불구하고 우리의 조경디자인 분야에서 그다지 중시되지 않고 심도 있게 연구되지 않는 경향이 있다.

조경작품은 해당 시기와 지역의 정치, 경제, 사회, 문화, 자연 및 기술적인 측면과 깊은 연관성을 가진다. 그런데 조경이란 물리적으로는 형태라는 매개물을 통해 구체적인 공간으로 표현된다. 따라서 특히 공간디자인을 위한 선례연구에 있어서는 전술한 유형, 무형의 측면과 관련하여 추상적이고 형이상학적인 지식을 얻기보다는 구체적인 공간구성을 위한 디자인 방법을 파악함이 필수적이다. 즉 공간 창출을 위한 조형개념에 대해 전반적으로 이해하고 공간형태에 관한 분석과 해석을 통해 디자인 전개과정을 고찰하는 것이 선례연구를 통한 창조적인 디자인을 추구함에 유용하다.

디자인 교육에 있어서 중요한 접근방법인 선례연구와 관련하여, Baker(1984)는 Le Corbusier의 교묘한 형태처리 수법을 분석하여 그의 건축을 이루는 기본적인 구성요소를 연구한 바 있다. 이 연구는 형태에 대한 분석과정을 도입하여 다양한 형태요소들이 어떻게 상호관계를 유지하고 있으며 대지의 상황에 적용되고 있는지 분석한 것이다. Le Corbusier의 다양한 디자인 원칙과 기법들에 관한 Baker의 분석은 건축이론이 부재하던 당시 상황에서 폭넓은 공헌을 하게 되었다.
Clark와 Pause(1985)는 건축의 선례에 대한 독특한 분석을 통해 건축형태 창출의 기초가 되는 원형적 개념을 제시하였다. 그들은 ① 구조, ② 자연광, ③ 집합, ④ 평면과 입면의 관계, ⑤ 이용공간에 대한 순환관계, ⑥ 전체에 대한 단위의 관계, ⑦ 유일성에 대한 반복성의 관계, ⑧ 대칭과 균형, ⑨ 기하학적 개념, ⑩ 첨가와 생략, ⑪ 계층성을 공간의 형태적 특성을 결정짓는 근본원리로 파악하고, 건조된 건축형태에 관한 분석과 해석을 통해 건축가의 의도, 디자인 문제에 대한 일반적인 해답, 건축가들의 디자인 양식상 근본적 유사성을 연구하였다.
조경 분야에서는 Kaul(1992)이 Ching(1979)이 제시했던 디자인을 위한 공간구성의 원리인 ① 축, ② 대칭, ③ 위계, ④ 리듬/반복, ⑤ 기준, ⑥ 변형에 기초하여 Rodin Museum과 Benjamin Franklin Parkway의 공간요소를 분석하고 디자인을 해석한 바 있다.

2. 선례연구 예 1 — 디자인 원리를 통한 작품분석

조경디자인에서 창조성을 성취하는 데 활용할 수 있고, 학습과 노력을 통한 창조적인 설계를 추구함에 있어 하나의 접근통로가 될 수 있는 선례연구는 크게 두 가지 방식으로 접근할 수 있다. 하나는 디자인 원리를 중심으로 접근하는 것이고, 또 다른 하나는 형태주제를 중심으로 접근하는 것이다. 먼저 디자인 원리를 중심으로 선례연구를 수행하는 한 가지 예를 필자의 디자인 작품인 "서울 1000년 타임캡슐광장"을 통해 살펴본다.

"서울 1000년 타임캡슐광장"은 서울시가 정도 600년을 기념하기 위해 남산골 제모습찾기 사업 부지인 필동 수방사 이전지(移轉地)에 만들기로 결정한 광장 조성사업이다. 서울시는 광장설계 현상공모를 시행했는데, 본 작품은 현상공모에 응모한 출품작이다.

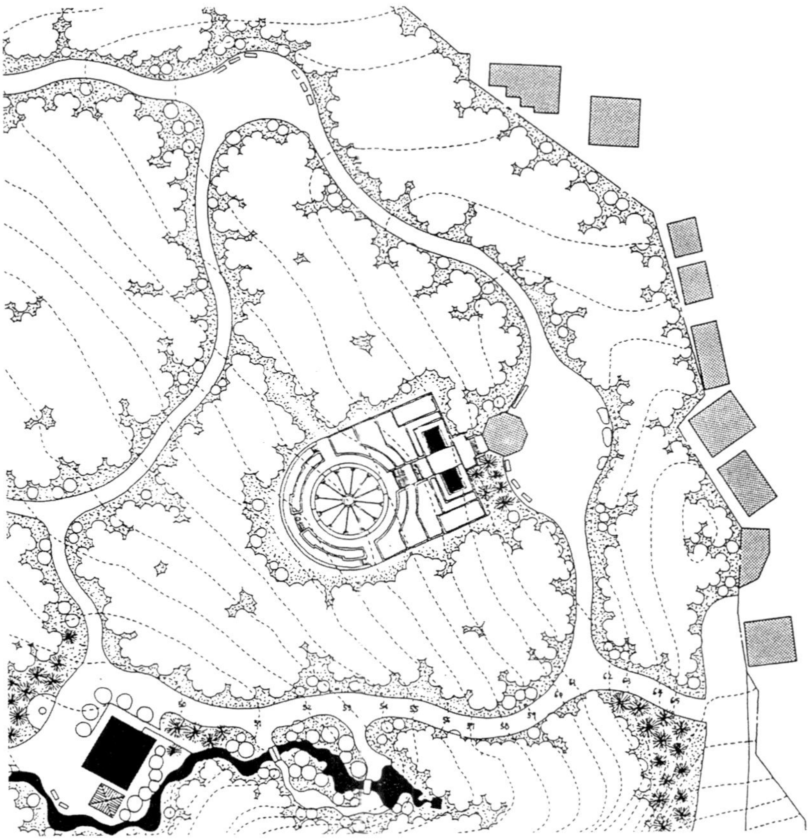

"서울 1000년 타임캡슐광장" 및 주변지역

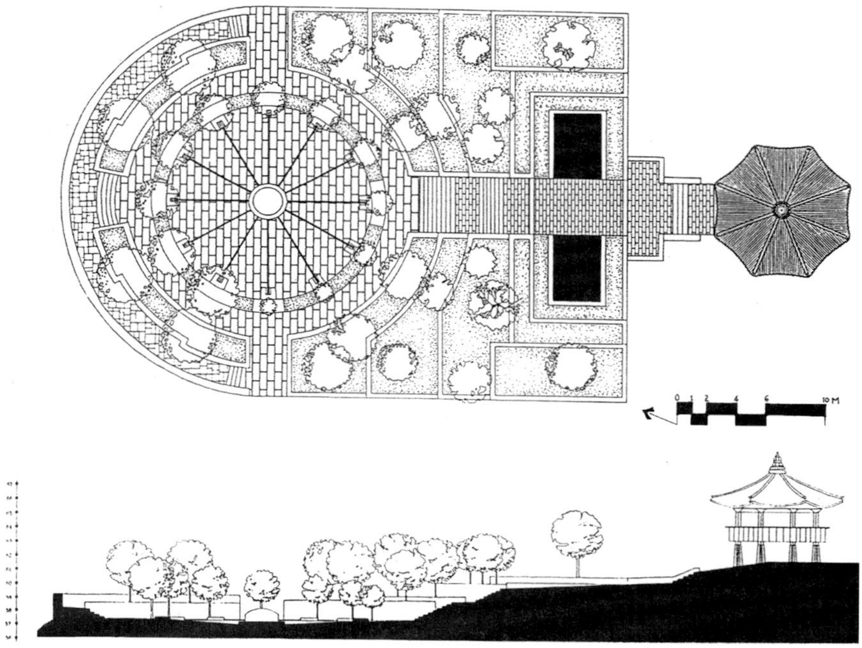

"서울 1000년 타임캡슐광장"의 평면도 및 입단면도

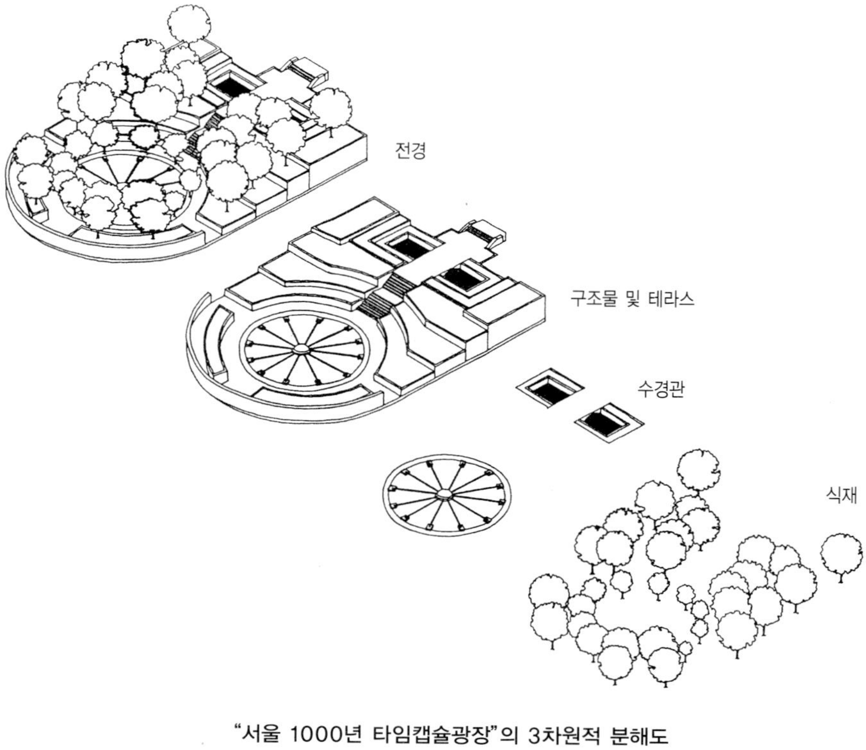

"서울 1000년 타임캡슐광장"의 3차원적 분해도

500평 규모의 광장공간을 디자인했는데, 그 디자인 컨셉과 프로그램을 위한 공간구성 원리를 소개하면 다음과 같다.

광장의 전체적 평면

전체적인 광장공간의 기본적인 형태를 결정하기 위해 기하학적 개념에 의한 디자인 기법을 사용하였다. 먼저 광장공간의 전체적 평면은 일차적으로 원형과 사각형의 두 가지 기하학적 형태를 조합하여 통합시킨 형태이다.

광장공간의 기본적인 평면

원형이라는 기하학적 형태는 원래 연속성, 영원함, 무한함, 온정, 인정 많음, 보호, 방어, 방위의 의미를 갖는데, 이러한 원형은 광장공간에서 표현하고자 하는 과거, 현재, 미래의 연속적인 시간의 흐름을 가장 완벽하게 나타내는 기하학적 형태이다.
두 번째의 기하학적 형태인 사각형은 원래 일관성, 강직함, 정절, 정결, 단조로움의 의미와 연관성을 갖는 형태로서, 직선적 처리에 의해 디자인된 노단식 화계와 계단 그리고 방지(方池)의 형태를 취하고 있는 지당(池塘)의 모습 등 전통적인 조경양식에 나타난 소박함과 간결함 그리고 단순함을 대표하는 기하학적 형태가 된다.
본질적인 기하학적 특성상 강한 대칭성을 지닌 원형과 사각형이라는 두 가지의 기하학적 도형을 통합시켜 만든 형태 역시 강한 대칭성을 지니고 있다.

대칭평면은 원래 죽음의 의미를 지닌 공간에 범인(凡人)이 논의할 수 없는 초인적인 위력을 나타내고자 할 경우에 그 진가를 발휘해온 형태이다. 특히 옛 시대의 묘에 원형평면이 많은 것은 원형이 오랜 옛날부터 영원의 상징으로서 신의 영광이 담긴 기념성이 풍부한 형태였기 때문이다. 축에 의해 이루어진 대칭적 경관을 구성하는 기법은 한국의 전통적인 조경양식에서도 발견할 수 있다. 400년 후 우리의 후손들에 의해 다시 세상에 모습을 드러낼 때까지 "조상의 묘"에 묻혀 일시적 죽음을 맞이

하게 되는 타임캡슐광장이 갖는 상징성에 가장 잘 어울리는 기하학적 평면공간은 축에 의해 분할된 대칭적 평면이라고 할 수 있다.

광장공간의 구성체계

한국의 전통적인 공간배치 양식에 입각하여 필자는 전체적인 광장공간을 진입공간, 주공간, 부공간의 세 가지 공간체계로 구성하였다.

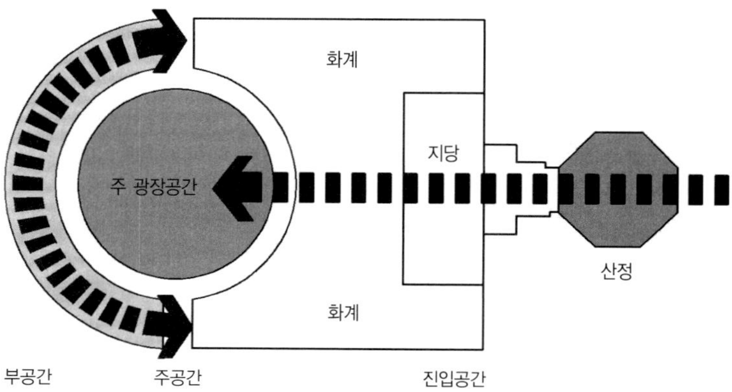

광장공간의 구성체계

주 광장공간은 이용자들이 자유로운 분위기에서 다소 무거운 주제가 될 수도 있는 시간의 연속성, 문화의 역사성, 그리고 자연의 순환성에 대해 사색하는 즐거움을 느낄 수 있도록 투기장형(arena)의 평면으로 디자인하였다.

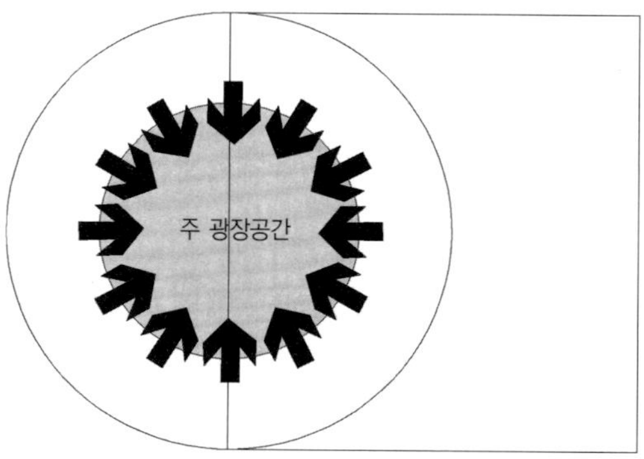

투기장형의 주 광장공간

투기장의 형태는 원래 사교생활을 좋아하는 외향적인 사람들을 위한 내향적인 공간의 형태로서 공공생활을 즐기기 위한 평면이다. 이 형태는 원시인들의 부락형태에서 찾아볼 수 있는 유형이다. 친밀한 공공관계를 위한 훌륭한 평면에 의해 디자인된 주 광장공간 속에서 개인은 타임캡슐광장에 구현된 상징화된 의미를 깨닫고 즐거움을 느낄 것이다. 또한 공간 속에 모인 사람들 전체는 같은 순간에 존재하고 있는 "우리"라는 공동체 의식을 경험하고 기쁨을 맛볼 것이다.

타임캡슐광장이 갖는 시간의 상징성을 표현하고자 전통적인 시간개념을 나타내는 다이어그램을 이용하였다. 또한 인간이 고안한 기계장치 가운데 시간을 가리키는 시계를 원형의 주 광장공간에 3차원적으로 표현하였다.

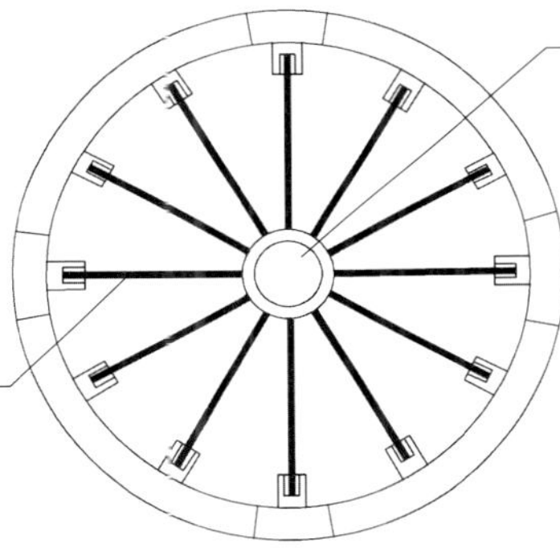

주 광장공간의 평면

중앙의 공간 내부에 초점을 둔 내향적 공간구성 방법인 구심적 구성원리에 따라, 원형의 주 광장공간 중심부에 초점으로서 위치할 "조상의 묘"는 돔(dome) 모양의 고분 형태를 취한다. 타임캡슐을 땅에 묻었다가 400년 후 후손들이 파내어 현재 우리의 생활상을 알게 되는 것은 우리가 옛 왕조의 고분을 발견하여 그곳에서 얻은 유물로부터 선조들의 생활상을 알게 되는 것과 같다. "조상의 묘"가 고분으로서의 의미와 형태를 지니는 것은 이러한 이유 때문이다. 또한 돔 모양을 갖게 되는 이유는 기하학적 형태라는 관점에서 볼 때 원과 곡선은 연속성을 나타내고, 여기에서 파생된 곡면과 체적을 포함하는 돔과 같은 통합적 구성물의 형태 또한 연속성을 상징하는 구조물이기 때문이다. 돔 모양의 그분형태는 타임캡슐광장이 갖는 시간적 연속성의 개념과 조화를 이루고, 시간의 흐름 속 한가운데에 위치한 "조상의 묘"가 지닌 상징적 개념을 수용할 수 있는 최적의 기하학적 구조물의 형태 가운데 하나로서 이상적인 것임에 틀림없다.

광장 디자인을 위한 조형적 구상 및 공간적 특성에 관한 2차원적 분석

필자는 "서울 1000년 타임캡슐광장" 디자인 과정에서 결정을 체계화하고 공간구성에 질서를 부여하는 한편 공간의 형태를 의식적으로 발생시키기 위해 조형적 구상(formative ideas)을 적용하였다. 조형적 구상이란 디자인을 할 경우 공간의 형태를 구체화하는 데 영향을 주는 중요한 개념이다. 다음에 소개하는 여덟 가지 조형적 구상을 통해 광장공간을 디자인하였다. 조형적 구상에 의해 체계화되는 공간 디자인의 과정을 도해를 통해 살펴본다.

① 첨가와 생략(Additive and Subtractive)

원래 첨가와 생략의 조형적 개념은 건축공간의 형태를 개발하기 위하여, 구조된 건축공간의 형태에 대해 첨가하거나 집단화하고 혹은 일부를 제거하는 과정을 통해 여러 가지 새로운 형태를 창조해나가는 것을 의미한다. 여기에서는 원형과 사각형을 중복시키고 첨가와 생략의 조형적 개념에 입각한 형태개발 과정을 거쳐 광장공간의 기본적인 2차원적 형태를 얻게 되었다.

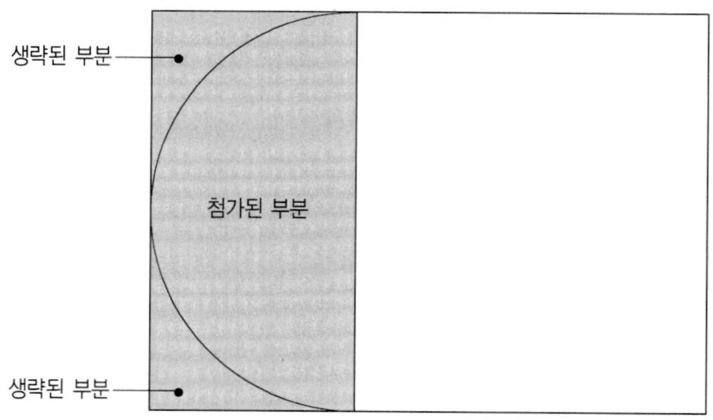

첨가와 생략

② 파티(Parti)

Ecole des Beaux Arts Institute에서 디자인 어휘로서 처음 사용하기 시작한 파티 개념은 공간이 지닌 두드러진 특성을 구현하는 지배적인 개념이다. 파티를 근거로 하여 광장공간을 구성하고 공간적, 형태적, 기능적인 그리고 프로그램에 따른 디자인상의 문제를 해결하여 디자인안을 마련하였다. 다음 그림은 타임캡슐광장이 공간적으로 어떻게 집합(集合)을 이루고 있는지 보여준다.

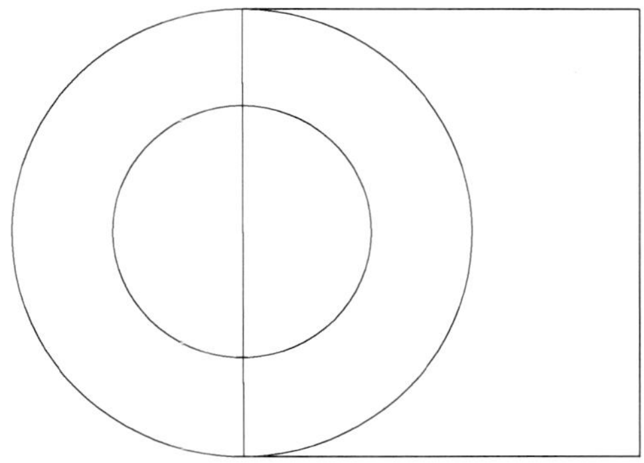

파티

③ 대칭과 균형(Symmetry and Balance)

대칭과 균형의 조형적 구상은 공간을 구성하는 요소들 사이에 인식되고 이해되는 평형상태를 설정하여 공간 디자인이 이루어짐을 말한다. 특히 균형의 특별한 형태인 대칭의 개념을 이용하여 공동으로 갖는 선(축)과 점(중심)을 중심으로 광장의 형태와 공간을 균형 있게 배치하였다.

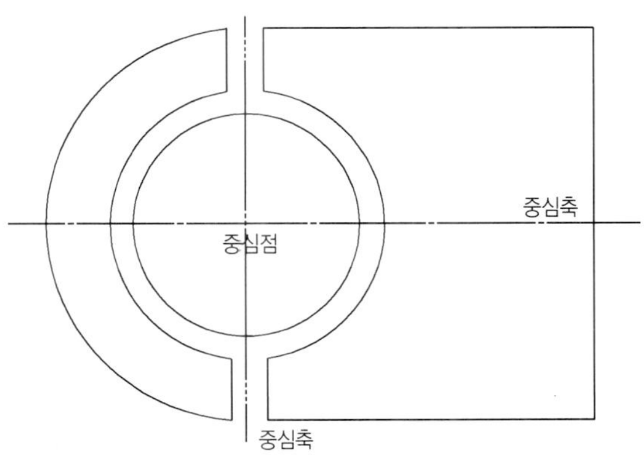

대칭과 균형

④ 계층성(Hierarchy)

공간 디자인에서 계층성이란 구성요소들이 지닌 중요 정도에 따라 위계를 정하여 물리적 표현을 통해 가치 부여하는 것을 의미한다. 필자는 광장공간을 구성하는 데 있어서 기본적으로 공간의 형태 및 배치개념을 통해 공간의 중요도를 구분하였다.

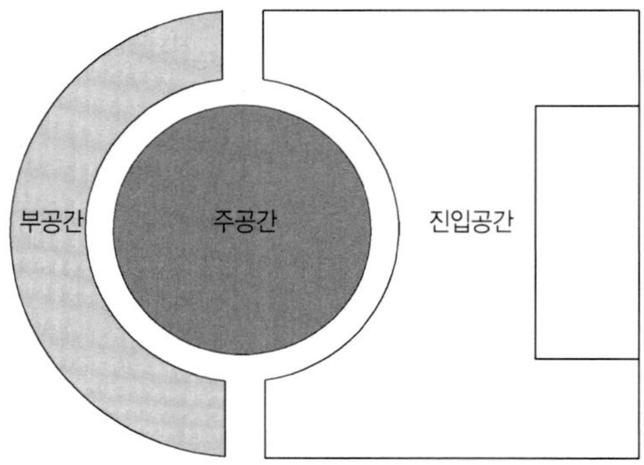

계층성

⑤ 전체에 대한 단위공간(Unit to Whole)

전체에 대한 단위의 관계란 각 단위들은 다른 개체의 단위들과의 특수한 결합으로 공간의 형태를 창조할 수 있다는 단위개체의 개념을 포함하는 조형적 구상이다. 타임캡슐광장은 다음 그림에서 보는 것처럼 네 가지의 기본적인 단위개체들이 공간적, 구조적 구성에 의해 이루어졌음을 알 수 있다.

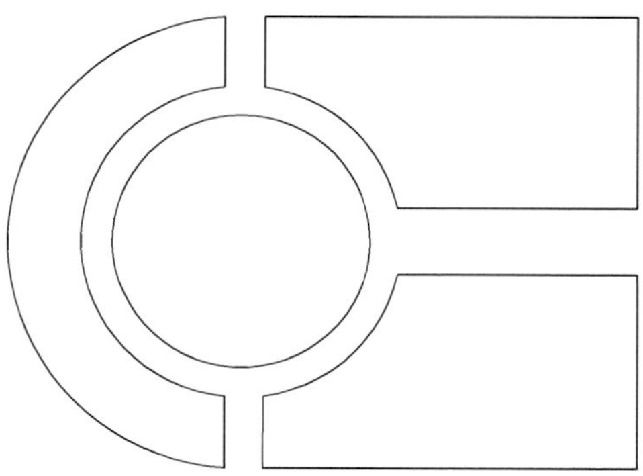

전체에 대한 단위공간

⑥ 단일성에 대한 반복성(Repetitive to Unique)

반복요소와 단일요소에 관련된 조형적 개념은 다수적(multiple) 구성요소와 단일적(singular) 구성요소 사이의 관계를 설정함으로써 공간을 디자인하는 것이다. 필자가 선택했던 반복요소와 단일요소의 공간적 배치관계는 다음 그림에 나타나 있다.

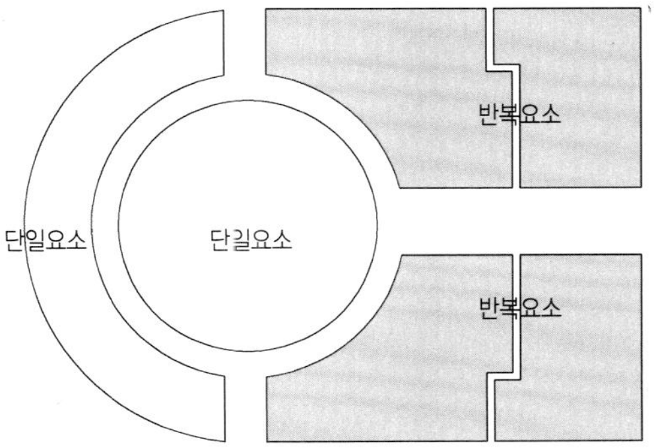

단일성에 대한 반복성

⑦ 공간이용의 순환(Circulation to Use)

순환과 공간이용이란 공간에 있어서 중요한 동적(dynamic) 및 정적(static)인 부분들을 나타내는 개념이다. 공간이용의 순환이라는 조형적 구상은 일차적으로 순환의 기능성에 초점을 두고 이동(movement)과 고정(stability)에 관한 조건들을 명확히 해줌으로써 공간을 형성하는 것이다. 다음 그림은 필자가 사람들이 광장공간을 어떻게 이용하는가를 결정해주는 데 이용했던 도해이다. 그림에서 어두운 부분은 이동(동적)공간을, 밝은 부분은 고정(정적)공간을 나타낸다.

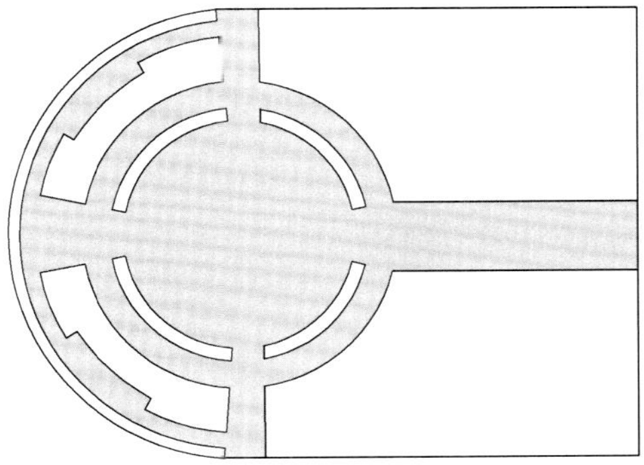

공간이용의 순환

⑧ 식생(Vegetation)

필자는 광장공간의 세부적인 단위공간들을 명확히 한정하고 공간이 지닌 대칭성을 강조하여 시각적 균형감을 이룩하기 위해 식물재료를 이용하였다. 이는 공간내의 정형적인 건축적 형태와 식물이 지닌 비정형적인 자연적 형태의 대비를 통해 흥미를 유발하고 생동감(vitality)을 느낄 수 있도록 하는 것이다. 다음 그림에서 어두운 부분이 식물재료가 사용된 공간이다.

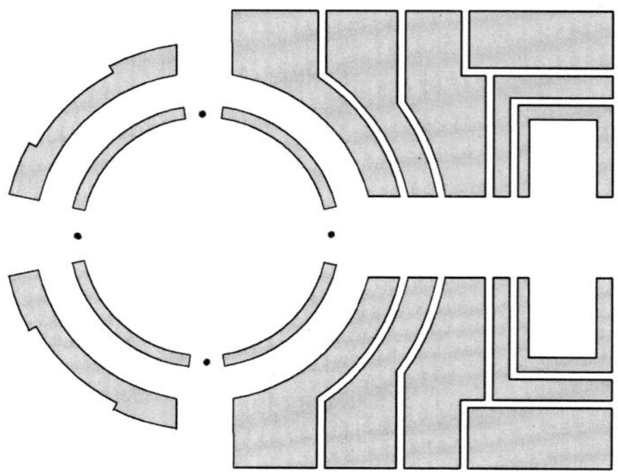

식생

3. 선례연구 예 2 — 형태주제를 통한 작품분석

선례연구를 수행하는 데 있어서 디자인 원리를 위주로 하는 작품분석과는 달리, 형태주제를 분석하여 디자이너의 공간형상화 작업을 심도 있게 고찰하는 또 다른 방법이 있다. 디자인 행위란 결국 도면 위에 가시적인 선을 이용하여 공간을 세부적으로 형상화하는 작업이므로, 선 사용의 근거가 되는 형태주제의 고찰은 중요한 것이다.

형태주제 분석을 통해 기대할 수 있는 사항들은 다음과 같다.

① 공간구성에 질서를 부여하는 형태주제의 파악
② 공간형태 창출에 기초가 되는 기하학적 형태 및 자연적 형태의 파악
③ 디자인 개념의 공간형태화와 관련된 형태전개 과정의 이해
④ 형태주제에 기초한 조경공간의 구성 및 배치에 관한 이해
⑤ 경관디자인에 관한 시각적 분석 방향 및 기법의 제공
⑥ 디자인 분석을 통한 형태개발 기법의 습득
⑦ 조경디자인 교육에 필요한 디자인 분석 방법론의 제시
⑧ 다른 유형의 디자인 문제에 적용할 수 있는 디자인 방법론의 제공

필자는 형태주제에 관한 체계적인 분석을 통해 얻은 지식을 토대로 다양한 유형의 공간 디자인에 응용함으로써 독창적인 디자인 작업을 수행할 수 있도록 하는 데 그 목적을 두고, 형태주제를 통한 작품연구를 수행한 바 있다. 즉 서울시가 1996년부터 1997년까지 2년간 조성한 총45가소의 마을마당을 대상으로 위치, 면적 등의 디자인 개요 및 부지형태, 디자인 방향, 공간구성 등의 디자인 특성에 대해 조사 · 분석하였다. 구체적으로는 각 마을마당의 세부공간을 조직화하는 데 적용된 형태주제를 열다섯 가지로 구분한 후 45개 대상지에 적용 · 분석하여 공간구성 및 시각적 구성요소에 나타난 디자인 특성 및 패턴을 연구하였다.

형태주제를 중심으로 선례연구를 수행하는 한 가지 예를 필자의 연구를 통해 소개한다. 연구 대상지의 형태주제 분석을 위한 기본계획도는 다음 그림에서 보는 바와 같다.

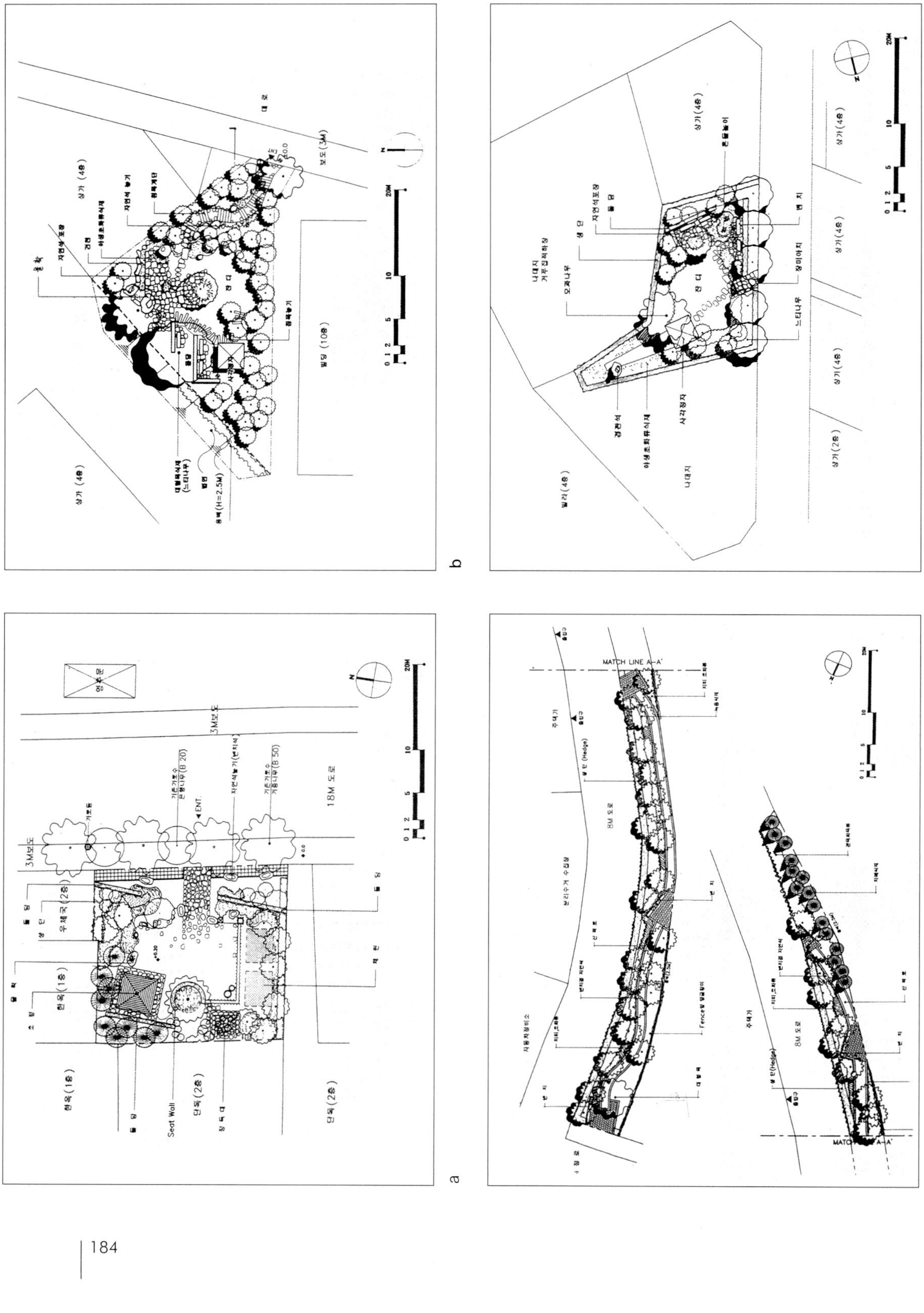

a b c d

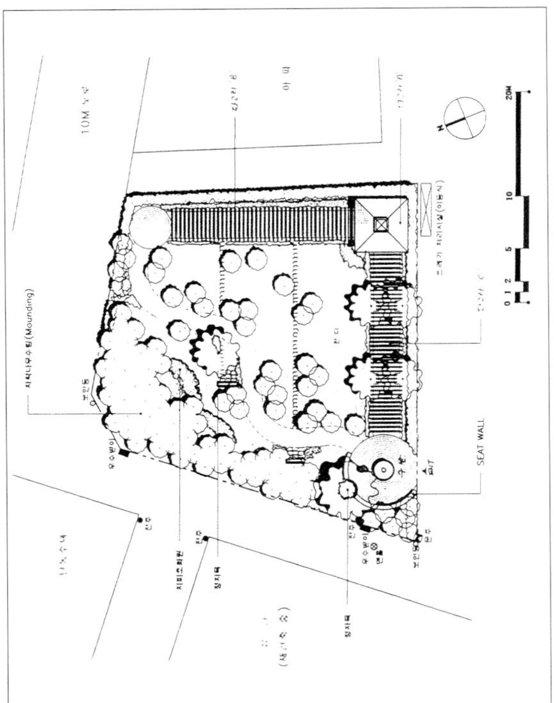

e

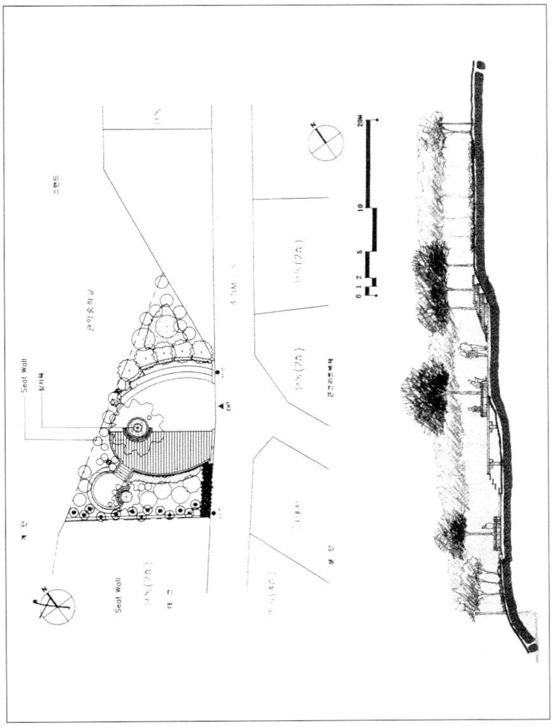

f

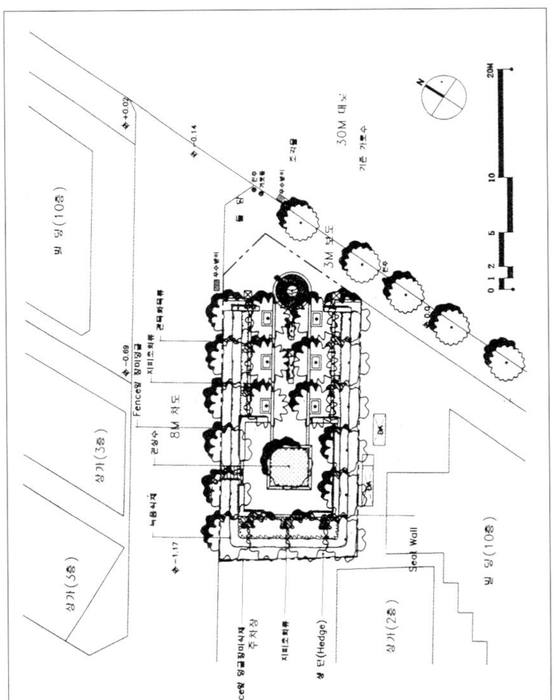

g

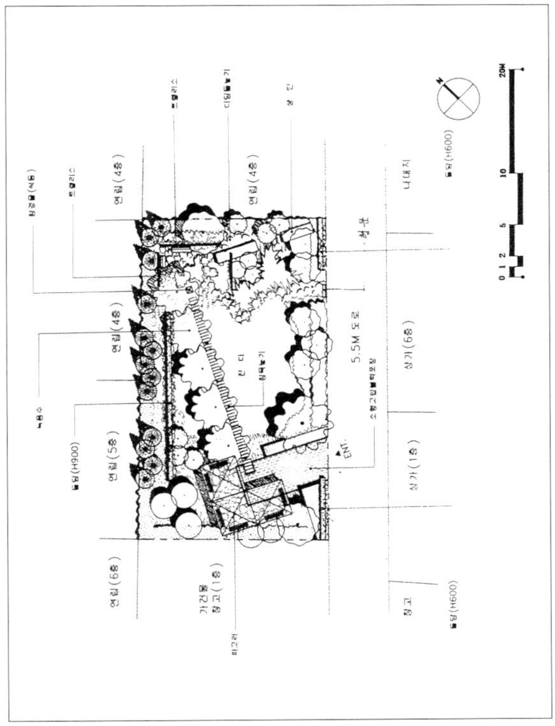

h

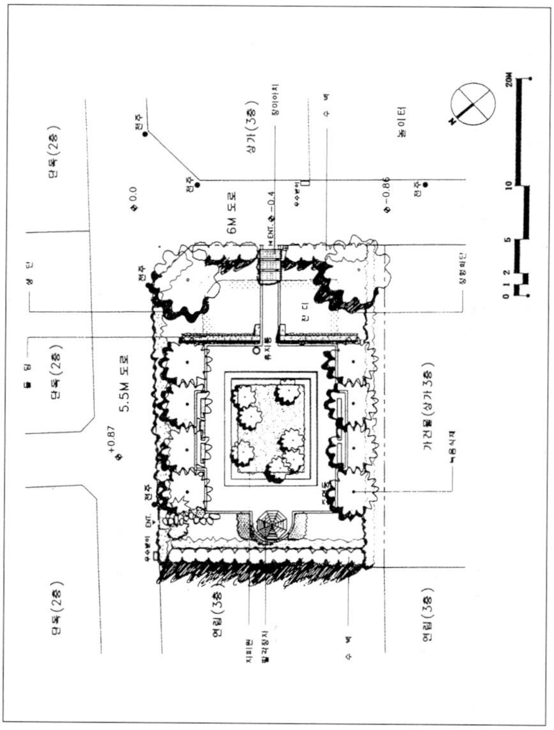

i

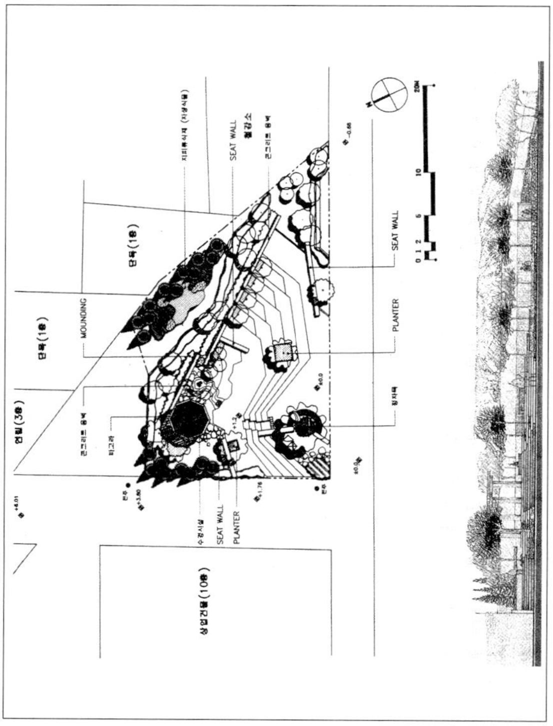

j

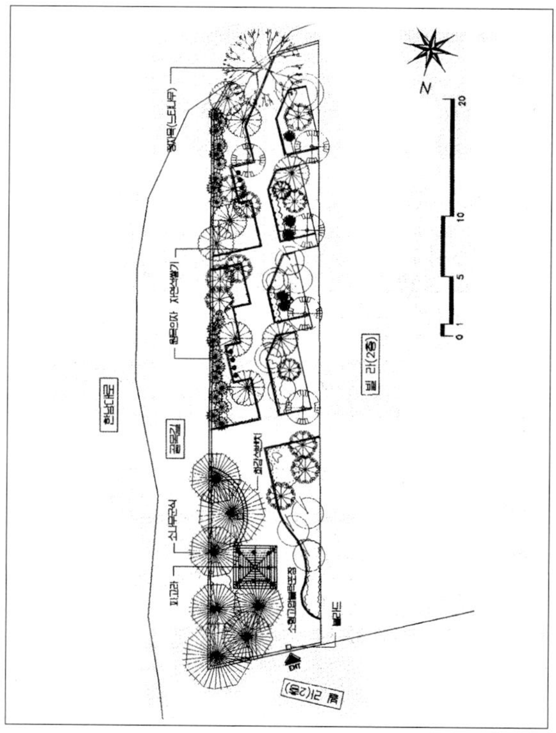

k

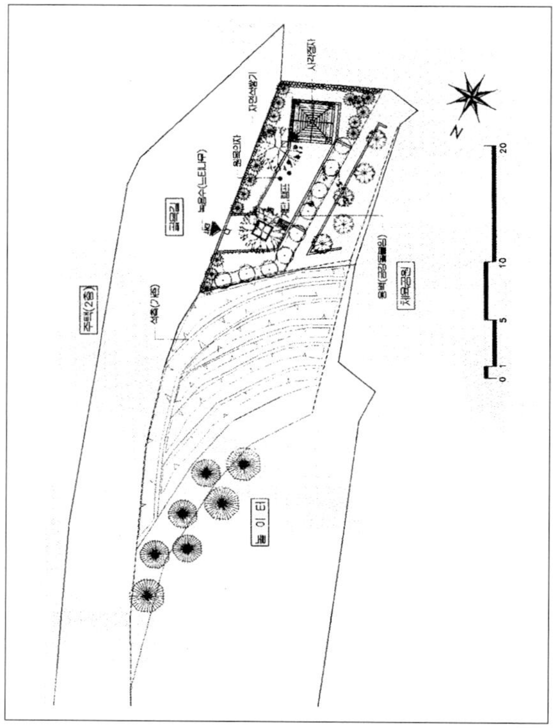

l

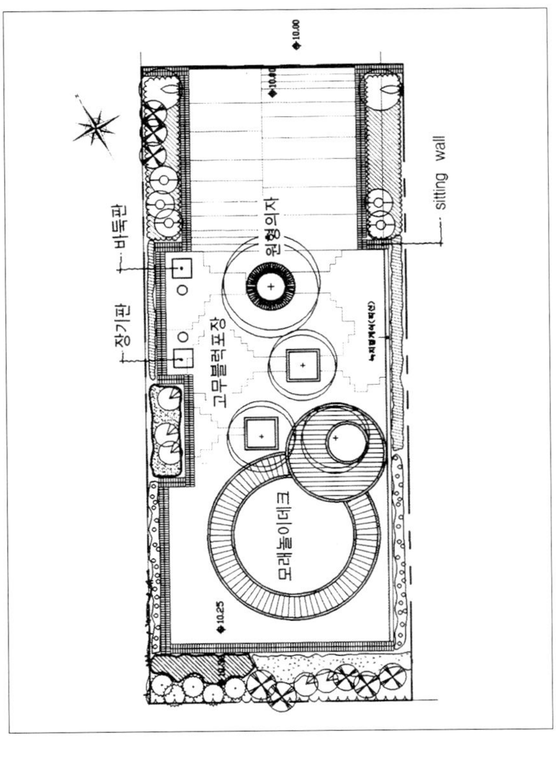
바둑판
장기판
원형의자
고무블럭포장
모래놀이데크
sitting wall
m

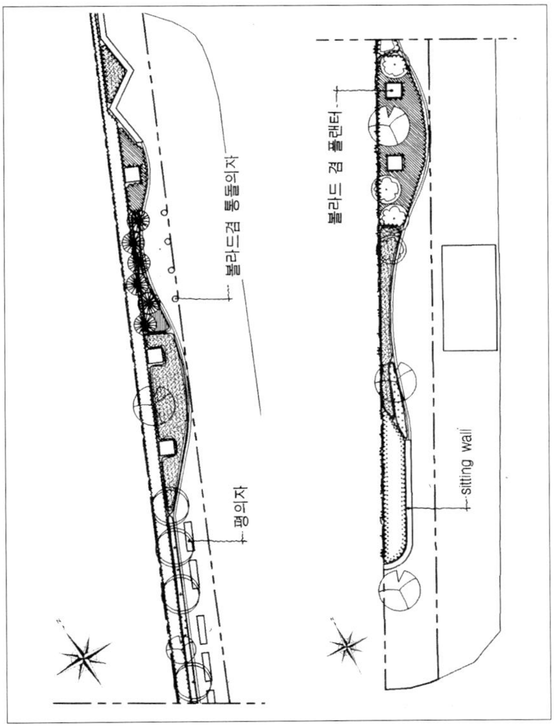
볼라드겸 통돌의자
볼라드 겸 플랜터
평의자
sitting wall
n

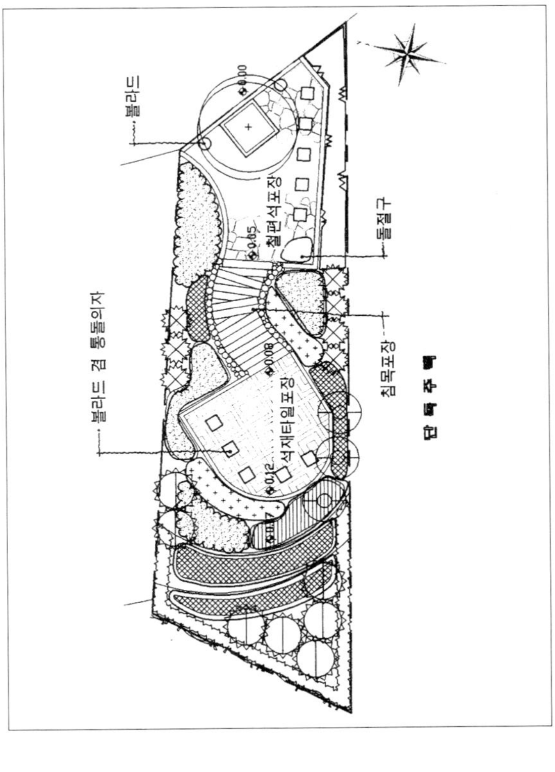
볼라드
볼라드 겸 통돌의자
철편석포장
석재타일포장
돌절구
침목포장
o

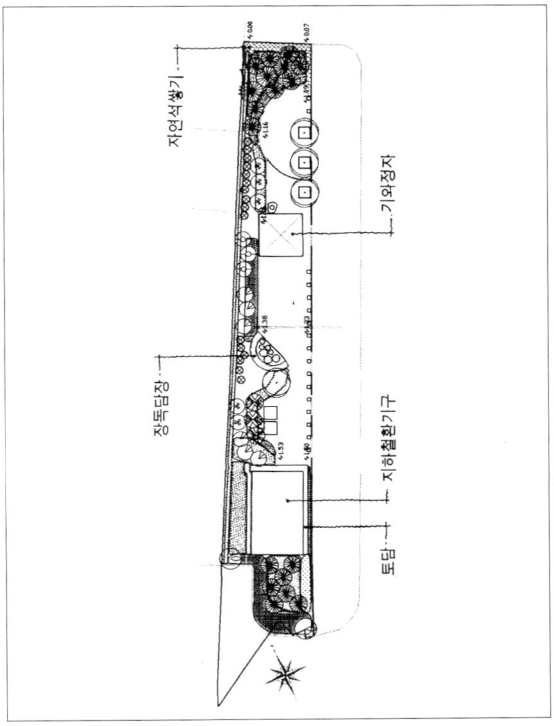
자연석쌓기
기와정자
장독담장
지하철환기구
토담
p

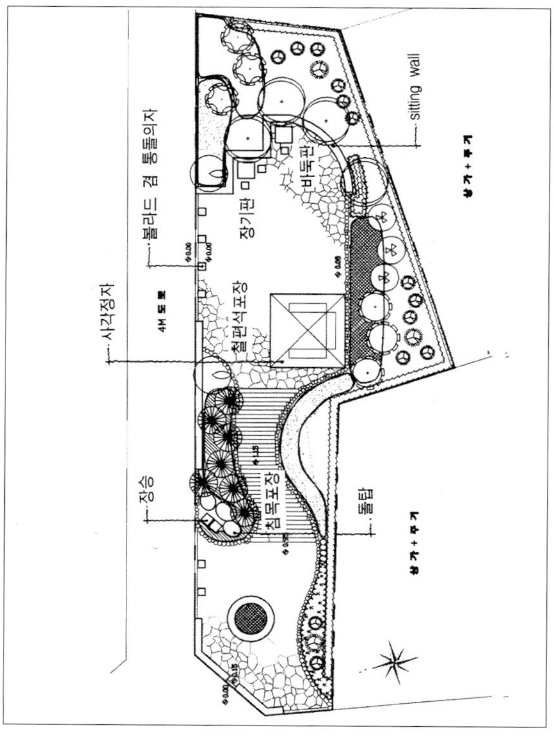
사각정자
블라드 겸 통돌의자
장기판
바둑판
sitting wall
철편석포장
장승
침목포장
돌탑
4M 도로

q

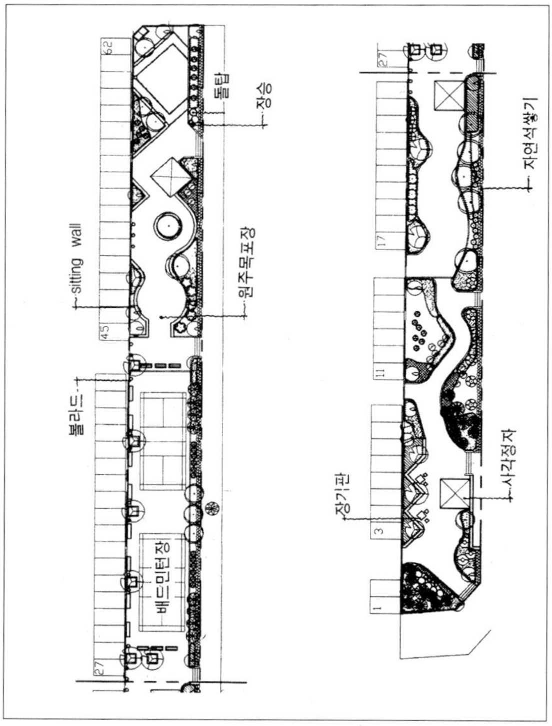
블라드
sitting wall
원주목포장
돌탑
장승
배드민턴장
장기판
사각정자
자연석쌓기

r

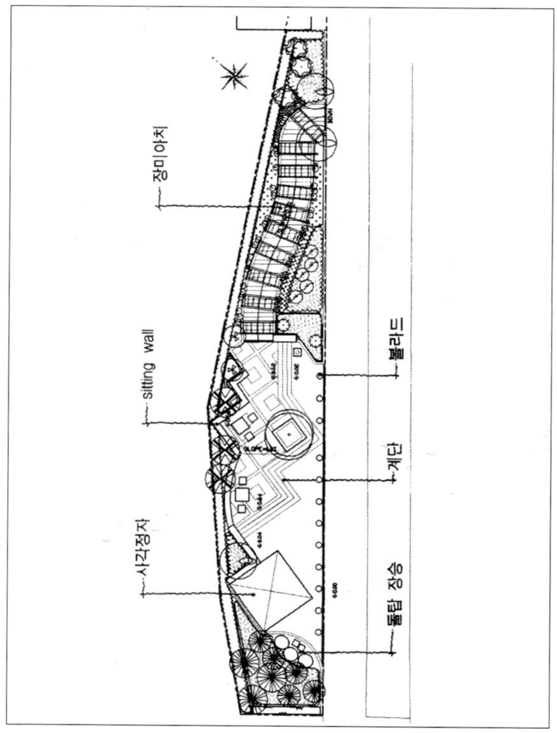
장미아치
sitting wall
사각정자
볼라드
계단
돌탑 장승

s

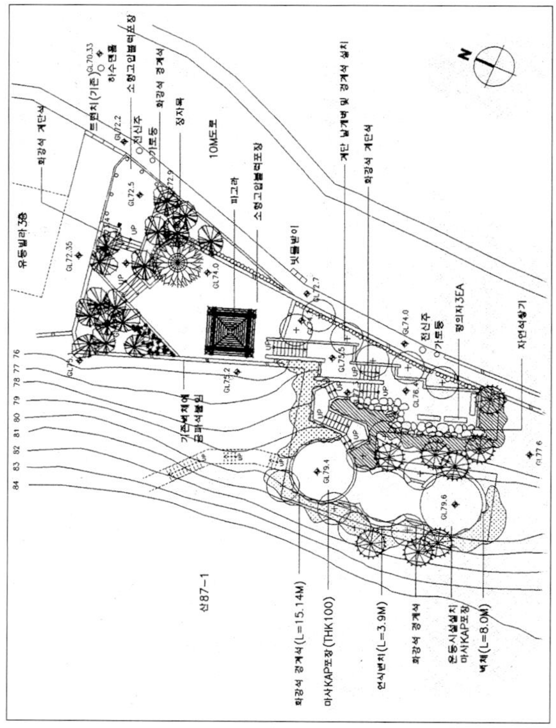
유동빌라3동
10M도로
산87-1
화강석 경계석(L=15.14M)
마사KAP포장(THK100)
연식벤치(L=3.9M)
화강석 경계석
마사KAP포장
벽체(L=8.0M)
자연석쌓기
화강석 계단석
계단 날개벽 및 경계석 설치
소형고압블럭포장
파고라
평의자3EA

t

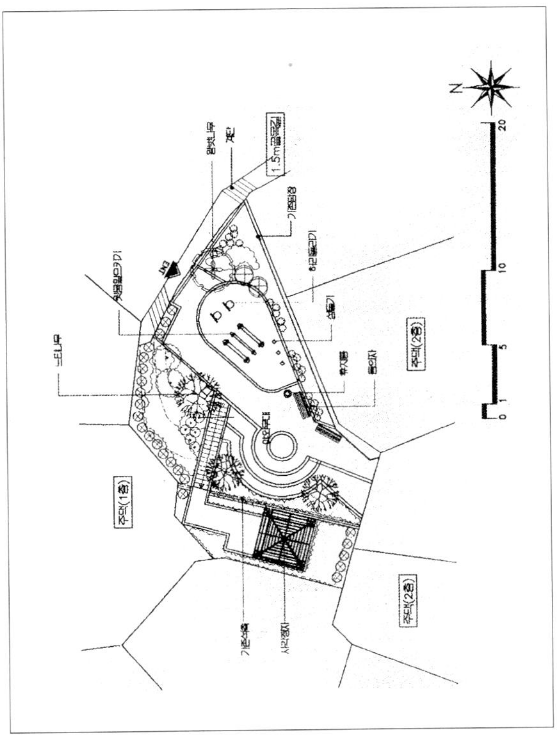

U

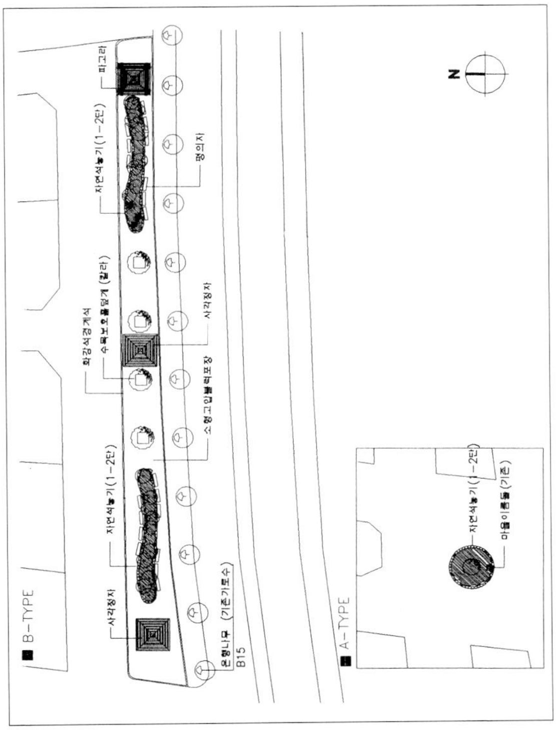

V

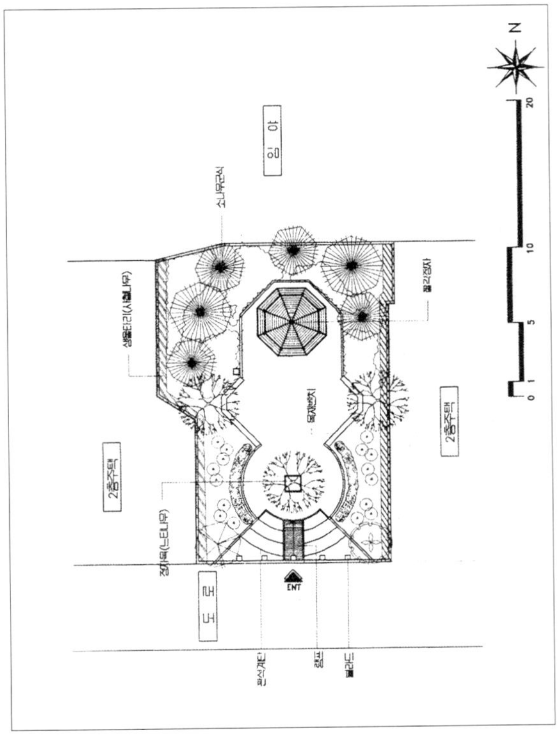

W

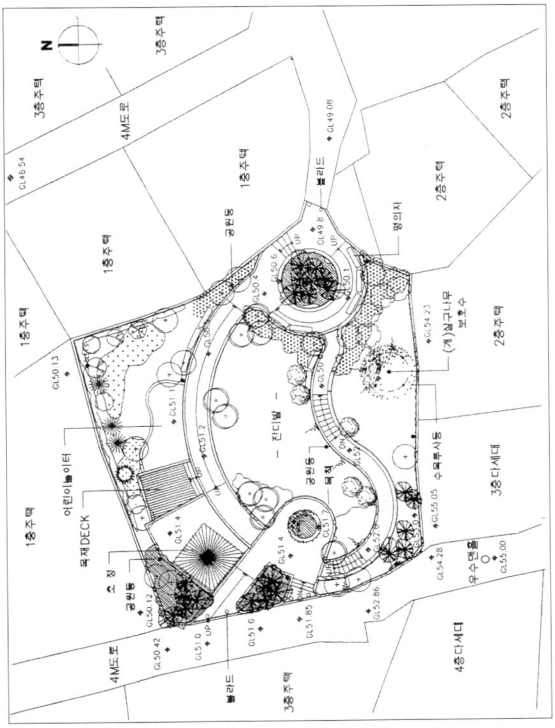

X

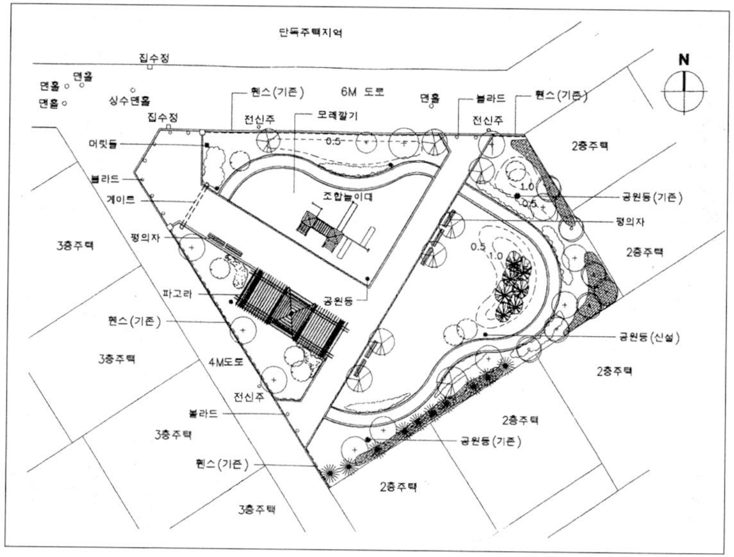
단독주택지역
집수정
맨홀
상수맨홀
휀스(기존)
6M 도로
블라드
전신주
모래깔기
머릿돌
게이트
평의자
조합놀이대
공원등(기존)
3층주택
2층주택
파고라
공원등
공원등(신설)
4M도로
공원등(기존)
휀스(기존)

y

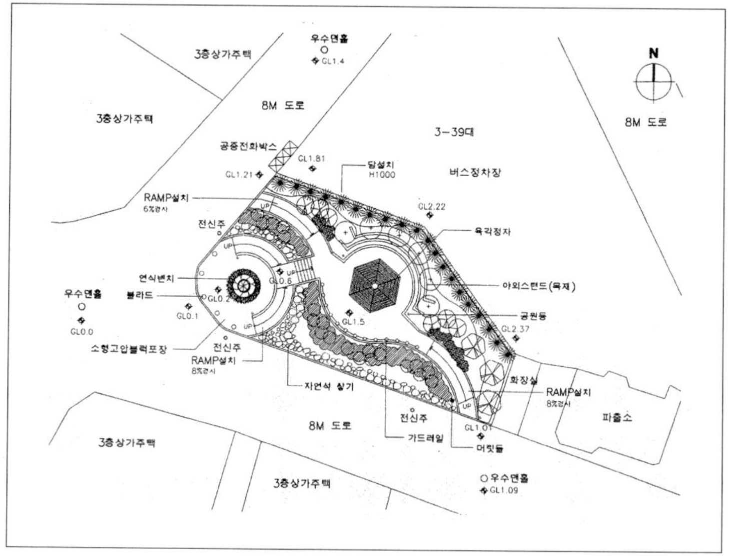
3층상가주택
우수맨홀
8M 도로
3-39대
버스정차장
공중전화박스
담설치
H1000
RAMP설치
육각정자
전신주
연식벤치
블라드
아외스텐드(목재)
공원등
소형고압블럭포장
RAMP설치
자연석 쌓기
화장실
파출소
가드레일
머릿돌
8M 도로

z

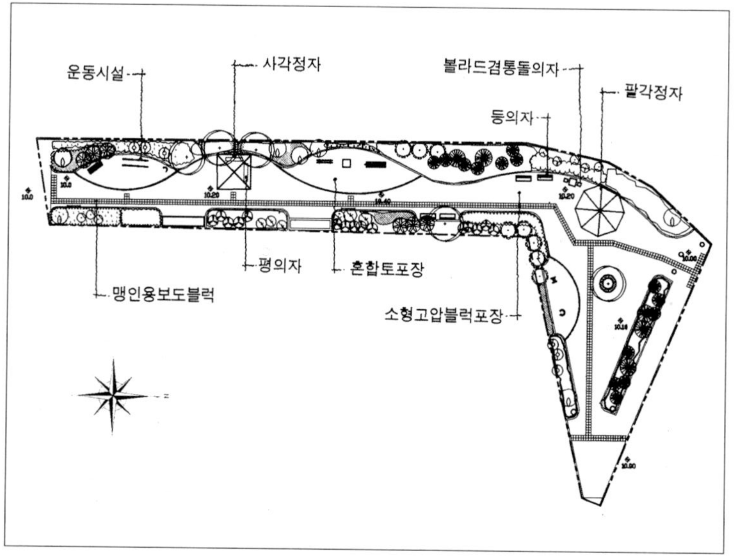
운동시설
사각정자
볼라드겸통돌의자
팔각정자
등의자
평의자
혼합토포장
맹인용보도블럭
소형고압블럭포장

aa

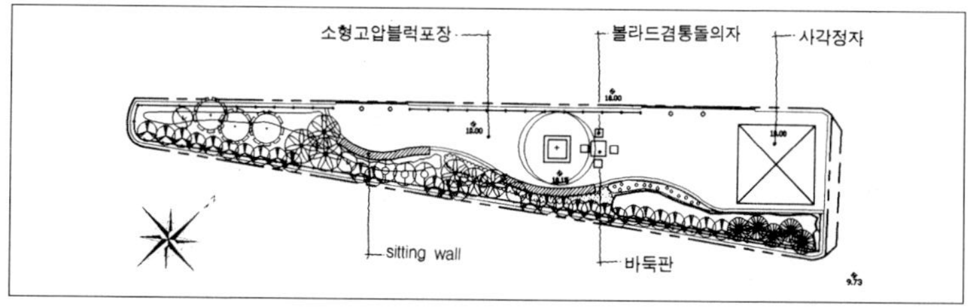
소형고압블럭포장
볼라드겸통돌의자
사각정자
sitting wall
바둑판

ab

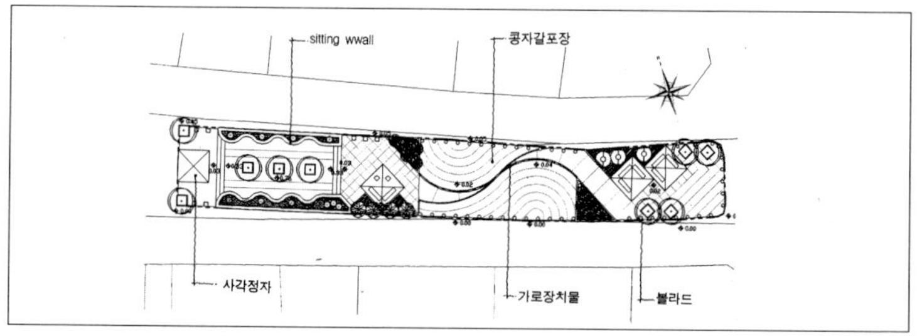
sitting wwall
콩자갈포장
사각정자
가로장치물
볼라드

ac

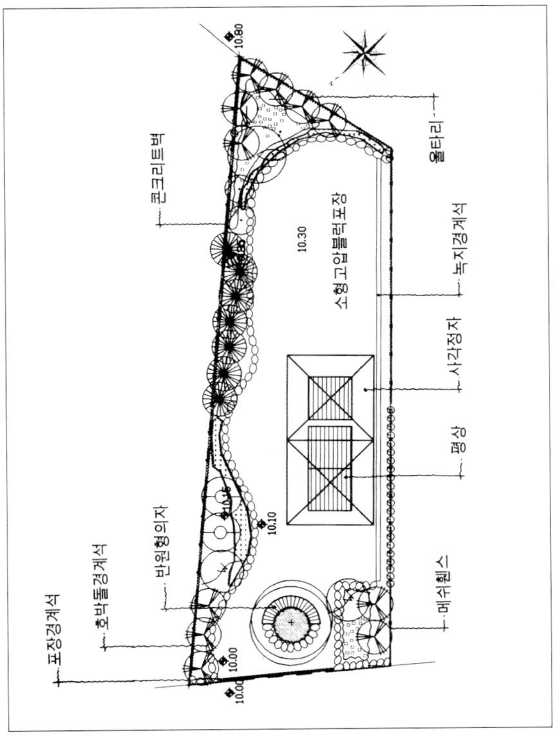
포장경계석
호박돌경계석
반원형의자
메쉬휀스
평상
사각정자
녹지경계석
소형고압블럭포장
콘크리트벽
울타리

ad

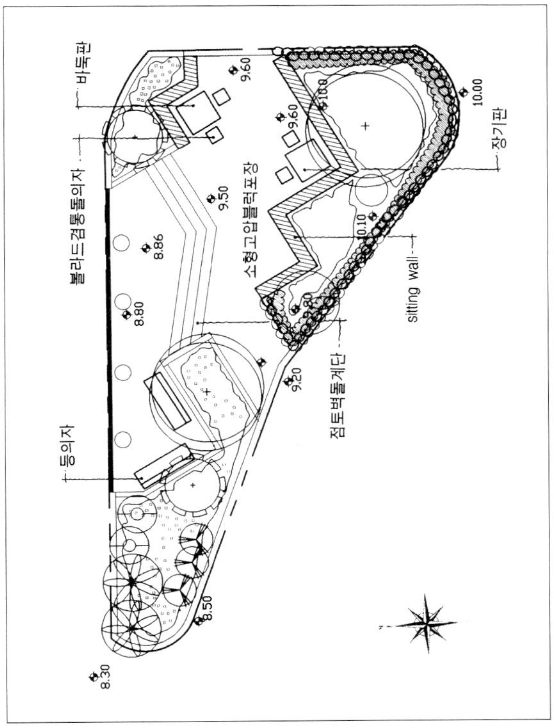
등의자
볼라드겸통돌의자
바둑판
장기판
소형고압블럭포장
점토벽돌계단
sitting wall

ae

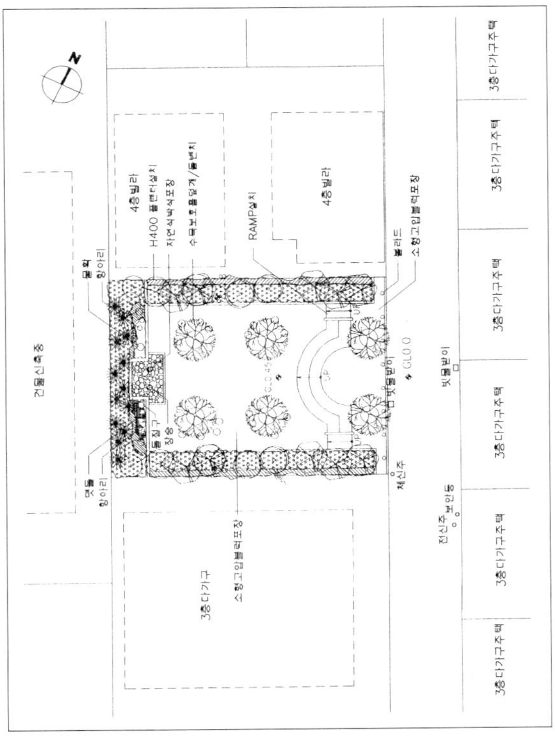
건물신축중
4층빌라
3층다가구
RAMP설치
소형고압블럭포장

af

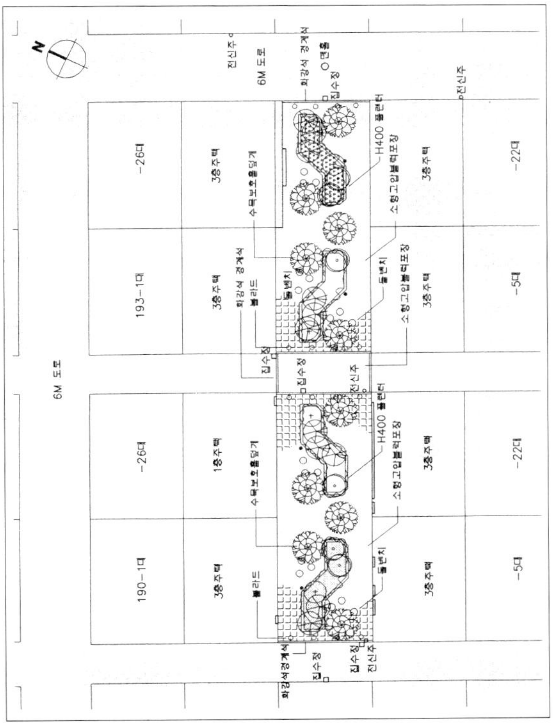
6M 도로
H400 플랜터
소형고압블럭포장

ag

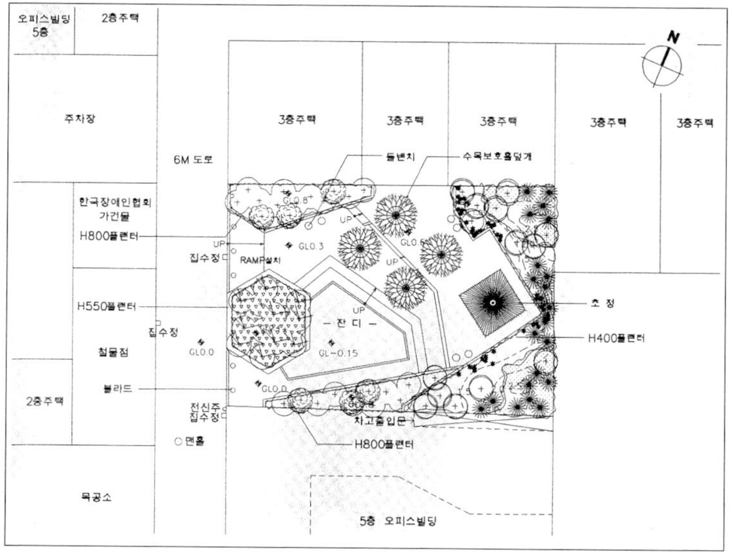
오피스빌딩 5층
2층주택
주차장
3층주택
3층주택
3층주택
3층주택
3층주택
6M 도로
돌벤치
수목보호홈덮개
한국장애인협회 가건물
H800플랜터
UP
GL0.8
GL0.3
집수정
RAMP설치
H550플랜터
집수정
GL0.0
- 잔 디 -
GL-0.15
초 정
H400플랜터
철물점
블라드
GL0.0
2층주택
전신주
집수정
차고출입문
H800플랜터
맨홀
목공소
5층 오피스빌딩

ah

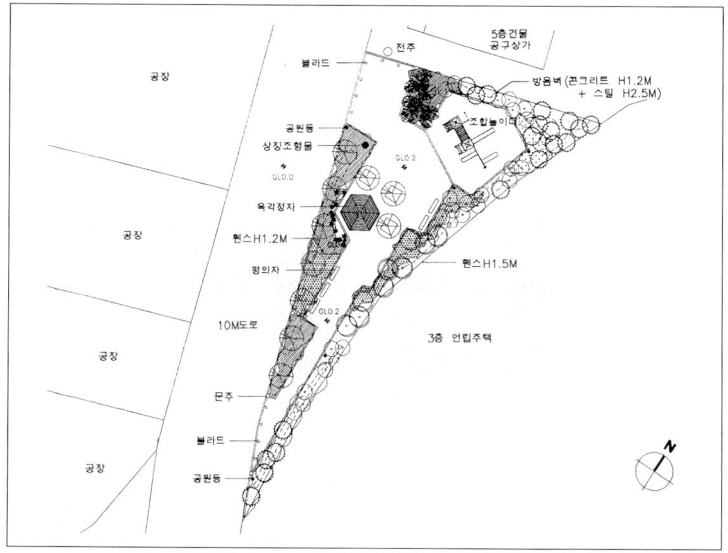
5층건물 공구상가
전주
블라드
공장
방음벽(콘크리트 H1.2M + 스틸 H2.5M)
조합놀이대
공원등
상징조형물
GL0.0
GL0.2
육각정자
공장
휀스H1.2M
휀스H1.5M
평의자
GL0.2
10M도로
3층 연립주택
공장
단주
블라드
공장
공원등

ai

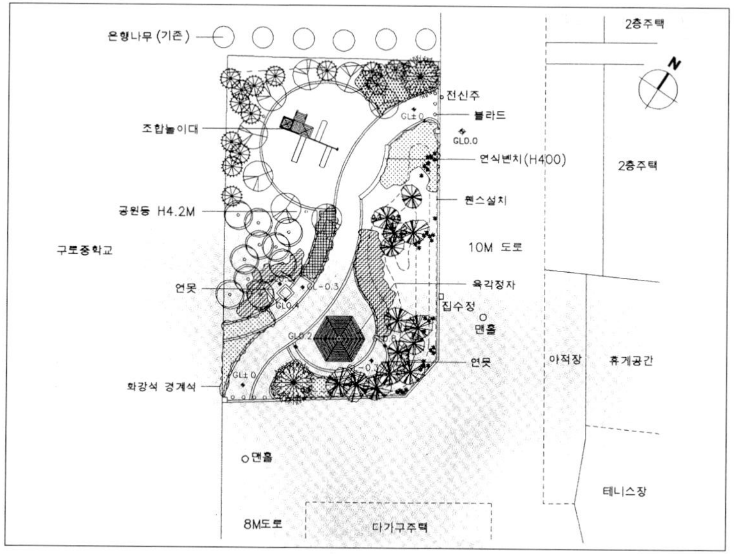
은행나무 (기존)
2층주택
전신주
블라드
GL0.0
조합놀이대
연식벤치(H400)
2층주택
휀스설치
공원등 H4.2M
10M 도로
구로중학교
연못
육각정자
집수정
맨홀
연못
아적장
휴게공간
화강석 경계석
맨홀
테니스장
8M도로
다가구주택

aj

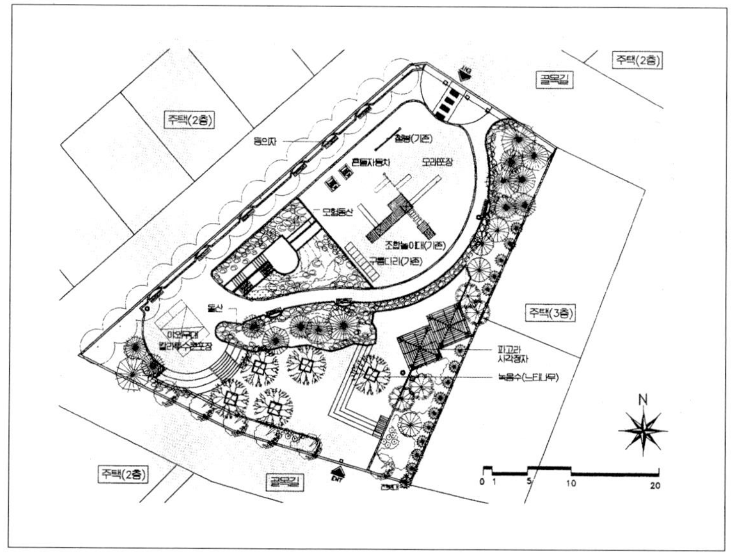
주택(2층)
골목길
주택(2층)
모래포장
조합놀이대(기존)
주택(3층)
피고라 사각정자
주택(2층)
골목길
N
0 1 5 10 20

ak

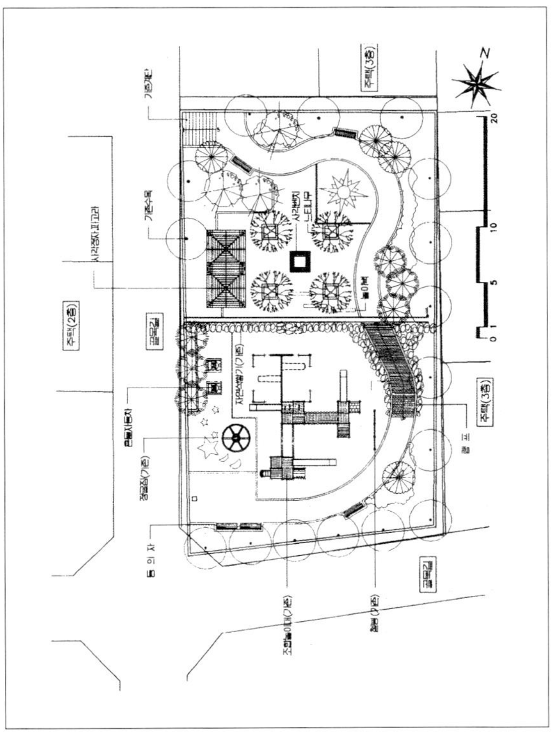
al

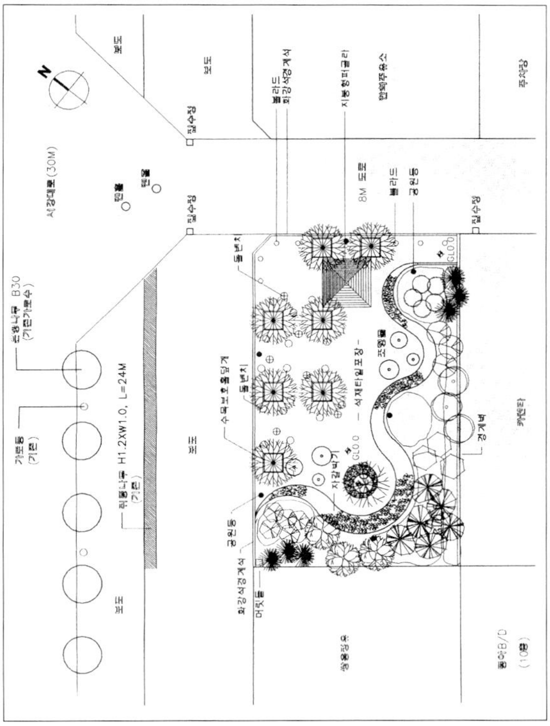
am

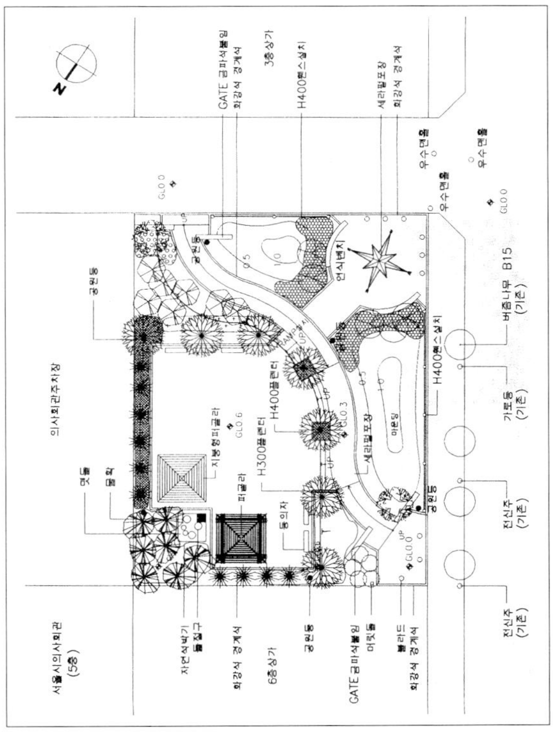
an

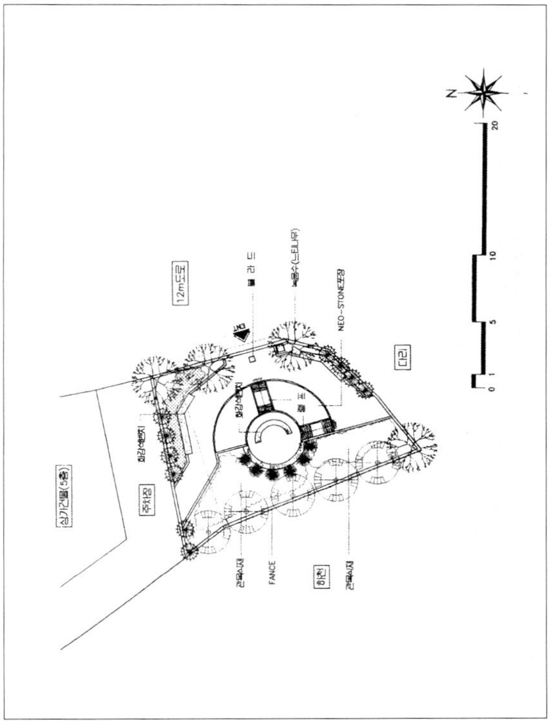
ao

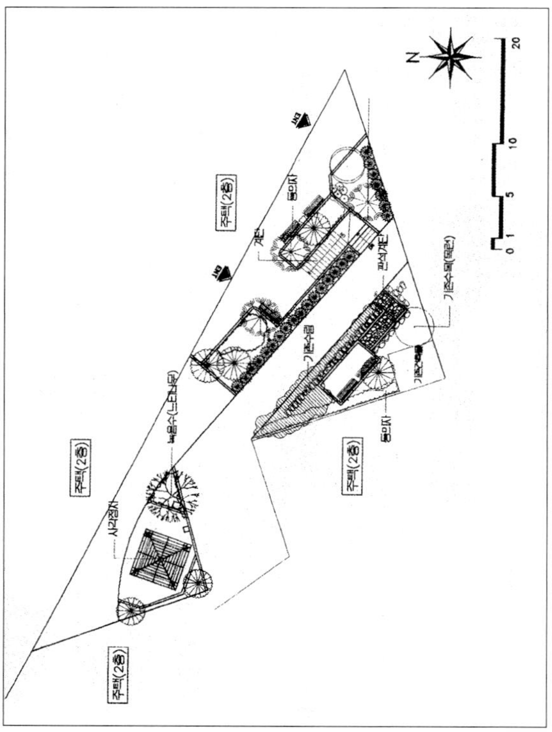
주택(2층)
주택(2층)
주택(2층)
주택(2층)

ap

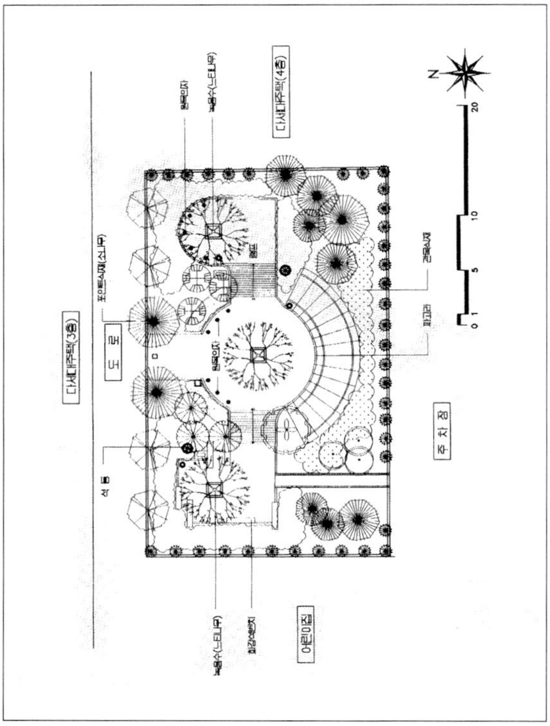
다세대주택(3층)
도로
주차장
어린이집
다세대주택(4층)

aq

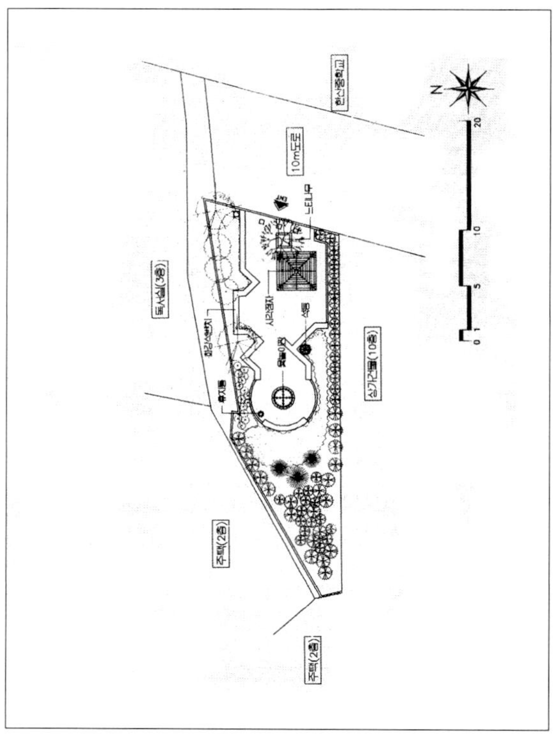
주택(2층)
주택(2층)
10m도로

ar

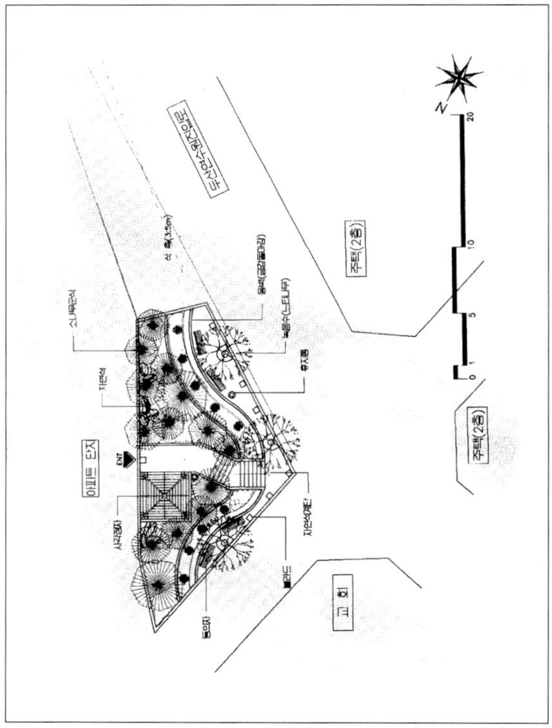
아파트 단지
교회
주택(2층)
주택(2층)

as

분석방법

형태주제를 통한 마을마당 디자인의 특성 분석은 ① 부지형태와 형태주제, ② 디자인 방향과 형태주제의 두 가지 관점에서 수행되었다. 부지형태를 분석의 틀로 선정한 이유는 이것이 디자인 초기단계에서 디자이너가 부지 내부의 토지 분할 및 형태를 전개하는 과정에서 주변의 조건과 함께 가장 우선적으로 고려하는 지표가 될 것이라고 생각하기 때문이다. 또한 디자인 방향을 선정한 이유는 이것이 대상지 내부에 담고자 하는 기능적, 개념적 틀로서 형태와 밀접한 관계를 형성할 것이라고 판단하기 때문이다.

마을마당 디자인의 특성 분석은 열다섯 가지의 형태주제를 적용하여 추출하는 방법을 활용하였다. 각 항목별 형태주제와의 관계성은 사용 빈도 및 비율을 기초로 하여 디자인 경향을 파악하였다. 마을마당의 평면적 구성에 따른 형태주제는 사용된 형태주제를 모두 추출하였으며, 사용 빈도 역시 중복하여 측정하였다.

부지형태와 형태주제

45개소 마을마당의 부지형태는 사각형이 7개소(15.5%), 삼각형이 7개소(15.5%), 선형이 5개소(11.1%), 다각형이 11개소(24.4%), 장방형이 15개소(33.5%)를 차지하였다. 부지의 형태는 디자이너들이 대상지에 담고자 하는 활동과 시설의 배치를 위한 땅가름 작업 시 주변 현황과 함께 고려하는 요소로서 토지이용의 평면적 형태를 결정하는 주요 변수이기도 하다. 특히 서울시 마을마당의 경우는 도심지 내의 자투리땅을 활용한다는 측면에서 조성된 것으로, 비교적 다양한 형태의 부지형상을 보이고 있다. 따라서 부지형태와 평면적 디자인에 나타난 형태주제와의 상관성을 고찰하는 것은 마을마당 디자인의 경향을 파악할 수 있는 좋은 자료가 된다.

먼저 사각형의 부지에서 활용된 형태주제를 살펴본다(표 참조). 기하학적 형태는 아홉 가지 유형 중 일곱 가지가 사용되고 자연적 형태는 여섯 가지 유형 중 세 가지가 사용되어, 총 열다섯 가지 형태주제 중 열 가지의 형태주제가 사용된 것을 알 수 있다. 가장 높은 활용빈도를 보인 것은 기하학적 형태 중 호와 접선형으로 5개소의 마을마당에서 사용되어 71.4%를 점유하고 있다. 동심원과 반지름형이 4개소, 불규칙 다각형이 4개소로 각각 57.1%를 점유하는 것으로 나타났다. 한편 전혀 사용되지 않은 형태주제는 45°/90° 각의 형태, 나선형, 자유 타원형과 부채꼴, 자유 나선형, 집합과 분열형 등 다섯 가지로 분석되었다.

사각형 부지의 형태주제

구분	형태주제	연구 대상지	개소 (%)
기하학적 형태	90° 직각형태	a, e, ak	3 (42.9%)
	45°/90° 각의 형태	—	—
	30°/60° 각의 형태	a, o	2 (28.6%)
	원 위의 원형	e, f, ao	3 (42.9%)
	동심원과 반지름형	f, w, ak, ao	4 (57.1%)
	호와 접선형	a, f, o, ak, ao	5 (71.4%)
	원의 분할형	ao	1 (14.3%)
	타원형	f	1 (14.3%)
	나선형	—	—
자연적 형태	구불구불한 형태	e, o, ak	3 (42.94%)
	자유 타원형과 부채꼴	—	—
	자유 나선형	—	—
	불규칙 다각형	o, w, ak, ao	4 (57.1%)
	유기체적 가장자리형	a, e	2 (28.6%)
	집합과 분열형	—	—

삼각형 부지의 형태주제

구분	형태주제	연구 대상지	개소 (%)
기하학적 형태	90° 직각형태	b, ab, ap, ar, as	5 (71.4%)
	45°/90° 각의 형태	—	—
	30°/60° 각의 형태	ae, ai	2 (28.6%)
	원 위의 원형	ar	1 (14.3%)
	동심원과 반지름형	—	—
	호와 접선형	—	—
	원의 분할형	—	—
	타원형	—	—
	나선형	—	—
자연적 형태	구불구불한 형태	b, ab, as	3 (42.9%)
	자유 타원형과 부채꼴	—	—
	자유 나선형	—	—
	불규칙 다각형	ae, ai, ap, ar, as	5 (71.4%)
	유기체적 가장자리형	b	1 (14.3%)
	집합과 분열형	—	—

삼각형의 부지에서는 총 여섯 개의 형태주제를 볼 수 있다(표 참조). 이 가운데 90° 직각형태와 불규칙 다각형이 각각 5개소에서 활용되어 71.4%의 높은 빈도를 나타냈다. 반면에 활용되지 않은 형태주제는 아홉 개로 분석되었다. 이것은 예각으로 이루어진 삼각형이라는 부지 형상이 갖는 특성에서 비롯된 형태적 특징이라 여겨진다.

선형의 부지는 총5개소이다(표 참조). 자연적 형태의 주제 가운데 구불구불한 형태가 전 대상지에서 활용되고, 90° 직각형태와 45°/90° 각의 형태가 각각 3개소에서 사용되어 60%의 활용비율을 보이고 있다. 자연적 형태의 주제는 여섯 개의 유형 중 구불구불한 형태 외에 불규칙 다각형만이 사용되고, 기하학적 형태는 아홉 개의 유형 중 네 개가 활용되고 있다.
이것은 폭이 좁고 길게 펼쳐진 부지의 형상을 평면적으로 분할하는 과정에서 자연적 형태의 구불구불한 선을 많이 사용하고 있음을 나타낸다. 그 외에는 주로 기하학적 형태를 주제로 하여 디자인하는 경향을 보이고 있다. 선형의 부지는 조경 디자이너들이 다양한 형태주제를 활용하는 데에 다소의 제약이 있음을 보여주고 있다.

선형 부지의 형태주제

구분	형태주지	연구 대상지	개소 (%)
기하학적 형태	90° 직각형태	n, r, v	3 (60.0%)
	45°/90° 각의 형태	c, r, s	3 (60.0%)
	30°/60° 각의 형태	—	—
	원 위의 원형	v	1 (20.0%)
	동심원과 반지름형	—	—
	호와 접선형	r, s	2 (40.0%)
	원의 분할형	—	—
	타원형	—	—
	나선형	—	—
자연적 형태	구불구불한 형태	c, n, r, s, v	5 (100%)
	자유 타원형과 부채꼴	—	—
	자유 나선형	—	—
	불규칙 다각형	n	1 (20.0%)
	유기체적 가장자리형	—	—
	집합과 분열형	—	—

다각형의 부지는 45개 마을마당 중 11개소에 해당된다(표 참조). 15개의 형태주제 중 아홉 가지의 형태주제가 사용되었다. 기하학적 형태는 타원형과 나선형을 제외한 일곱 가지의 주제가 있다. 호와 접선형의 경우는 8개소의 마을마당에서 활용되어 72.2%의 가장 높은 비율을 보이고 있다. 반면에 자연적 형태로는 구불구불한 형태와 불규칙 다각형만이 각각 6개소, 7개소에서 사용되고 있다. 이것은 부지의 형태가 다양하게 각을 이루고 있는 경우, 디자이너들이 기하학적 선을 활용하여 평면을 분할하는 디자인 경향을 나타내는 것이다.

다각형 부지의 형태주제

구분	형태주제	연구 대상지	개소 (%)
기하학적 형태	90° 직각형태	g, l, q, t, u, x	6 (54.5%)
	45°/90° 각의 형태	y	1 (9.1%)
	30°/60° 각의 형태	j, z	2 (18.2%)
	원 위의 원형	d, q, t, u, x, z	6 (54.5%)
	동심원과 반지름형	u, z	2 (18.2%)
	호와 접선형	g, q, t, u, x, y, z, aa	8 (72.2%)
	원의 분할형	z	1 (9.1%)
	타원형	—	—
	나선형	—	—
자연적 형태	구불구불한 형태	d, q, x, y, z, zz	6 (54.5%)
	자유 타원형과 부채꼴	—	—
	자유 나선형	—	—
	불규칙 다각형	d, j, l, t, x, y, aa	7 (63.6%)
	유기체적 가장자리형	—	—
	집합과 분열형	—	—

장방형의 부지는 15개소로 가장 많은 부지형태를 이루고 있다(표 참조). 형태주제의 활용은 다각형의 부지와 유사한 경향을 나타낸다. 90° 직각형태가 11개소로 가장 높은 빈도수를 보인 가운데 자연적 형태로는 구불구불한 형태가 8개소에서 나타났다.

장방형 부지의 형태주제

구분	형태주제	연구 대상지	개소 (%)
기하학적 형태	90° 직각형태	i, k, m, p, ad, af, ah, al, am, an, aq	11 (73.3%)
	45°/90° 각의 형태	ac, ag	2 (13.3%)
	30°/60° 각의 형태	h, ah, aj	3 (20.0%)
	원 위의 원형	m, aj, am	3 (20.0%)
	동심원과 반지름형	af, aq	2 (13.3%)
	호와 접선형	i, p, af, an, aq	5 (33.3%)
	원의 분할형	p, ad	2 (13.3%)
	타원형	—	—
	나선형	—	—
자연적 형태	구불구불한 형태	h, k, ac, ad, aj, al, am, an	8 (53.3%)
	자유 타원형과 부채꼴	—	—
	자유 나선형	—	—
	불규칙 다각형	h, k, ac, ah, al, an	6 (40.0%)
	유기체적 가장자리형	—	—
	집합과 분열형	—	—

이상 마을마당의 부지형태와 형태주제와의 관계를 종합적으로 고찰한다. 부지의 형태와 관계없이 다섯 가지 유형의 부지형태에서 공통적으로 한 번 이상 사용된 형태주제는 90° 직각형태, 원 위의 원형, 구불구불한 형태, 불규칙 다각형 등 총 네 개의 형태주제로 나타났다. 이것은 1차적인 기하학적 형태에서 사각형과 원형을 기초로 하여 디자인하고 있다는 경향을 보인 것이며, 자연적 형태로는 구불구불한 곡선의 형태와 불규칙 다각형을 많이 활용하고 있다는 것을 나타낸다.

반면에 45개의 마을마당에서 전혀 활용되지 않은 형태주제는 기하학적 형태로서 나선형, 자연적 형태로서 자유 타원형과 부채꼴, 자유 나선형, 집합과 분열형 등 총 네 개의 형태주제가 있다. 이것은 부지의 평면적 분할에 있어 디자이너들이 부지 또는 환경적 상황에 맞고 흥미를 주는 조화롭고 통일성 있는 디자인을 하기 위해 일반적이고 익숙한 디자인을 하고 있는 것으로 해석이 가능할 것이다. 다시 말해 정형적이고 인공적인 도시환경 속에서 통례를 벗어나 다양하고 변화 있는 디자인은 시공성이나 경제성의 측면에서 부담이 될 수 있다는 점이 디자이너의 자유로운 형태 창조에

장애요소로 작용하고 있다고 여겨진다.

따라서 예각이 많이 형성되고 주변의 상황과 상반되는 형태가 만들어지는 자유 타원형과 부채꼴, 자유 나선형 등의 사용은 극히 제한될 수밖에 없는 것이다. 그러나 조경디자인이라는 것이 정형적인 건축디자인과는 달리 자유롭고 개방된 옥외 공간을 대상으로 한다는 점에서 보다 다양한 형태 만들기가 시도되어야 할 것이다. 특히 마을마당의 경우와 같이 자연을 벗하는 휴식과 경관 형성이 주가 되는 공간에서는 디자이너가 평범하지 않은 독특한 환경을 만들 수 있는 현실적인 여건의 조성이 필요하다고 하겠다.

디자인 방향과 형태주제

45개 마을마당의 디자인 방향은 담고자 했던 개념적 측면 및 기능적 측면을 근거로 하여 ① 전통성, ② 휴식 · 사색 등 정적인 활동, ③ 어린이 놀이 · 운동 활동, ④ 개방성 및 만남 · 모임 · 대화 등의 네 가지 유형으로 분류할 수 있다.

전통성을 디자인의 방향으로 설정한 마을마당은 10개소로서 열다섯 개 형태주제 중 열 개의 형태주제가 활용되고 있다(표 참조). 가장 높은 빈도를 보인 형태주제는

전통성과 형태주제

구분	형태주제	연구 대상지	개소 (%)
기하학적 형태	90° 직각형태	a, p, q, af, ah, am	6 (60.0%)
	45°/90° 각의 형태	s	1 (10.0%)
	30°/60° 각의 형태	a, o, ah, aj	4 (40.0%)
	원 위의 원형	q, aj, am	3 (30.0%)
	동심원과 반지름형	w, af	2 (20.0%)
	호와 접선형	a, o, p, q, s, af	6 (60.0%)
	원의 분할형	p	1 (10.0%)
	타원형	—	—
	나선형	—	—
자연적 형태	구불구불한 형태	o, q, s, aj, am	5 (50.0%)
	자유 타원형과 부채꼴	—	—
	자유 나선형	—	—
	불규칙 다각형	o, w, ah	3 (30.0%)
	유기체적 가장자리형	a	1 (10.0%)
	집합과 분열형	—	—

90° 직각형태와 호와 접선형으로 각 6개소에서 사용되어 60%를 차지하였다. 구불구불한 형태는 5개소에서, 30°/60° 각의 형태는 4개소에서 활용되었다. 이것을 형태주제에 내포된 의미 및 이미지와 결부시켜 고찰하면, 90° 직각형태의 정형적이고 단순, 간결한 이미지가 전통적 초점 및 화계의 형태로 구현되었음을 알 수 있다. 또한 원형을 1차적 형태로 하여 2차적 형태로 파생된 호와 접선형 및 원 위의 원형은 부드러움, 연결, 조화의 의미와 위계, 강조 등의 의미를 내포하는 것으로, 전통적 경관을 재현하기 위해 사용되었다고 여겨진다. 그 외에도 30°/60° 각의 형태와 불규칙 다각형의 형태가 활용되었는 바, 이것은 공간에 생동감과 변칙성을 주기 위한 것으로 주로 전통적 첨경물의 배치를 위한 땅가름에서 사용되고 있다.

휴식 · 사색 등 정적인 활동을 디자인의 방향으로 한 마을마당은 총28개소이며, 사용된 형태주제는 기하학적 형태 일곱 개, 자연적 형태 세 개로 총 열 개이다(표 참조). 기하학적 형태에서는 90° 직각형태가 19개소로 67.9%를 점유하여 가장 높은 비율을 나타냈다. 호와 접선형은 12개소로 42.9%를, 원 위의 원형 및 동심원과 반지름형은

휴식, 사색 등 정적인 활동과 형태주제

구분	형태주제	연구 대상지	개소 (%)
기하학적 형태	90° 직각형태	e, g, i, k, l, n, t, u, v, ab, af, ah, ak, al, am, an, ap, aq, as	19 (67.9%)
	45°/90° 각의 형타	c, y, aq	3 (10.7%)
	30°/60° 각의 형타	h, o, z, ah, ai	5 (17.9%)
	원 위의 원형	e, t, u, v, z, am, ao	7 (25.0%)
	동심원과 반지름형	u, w, z, af, ak, ao, aq	7 (25.0%)
	호와 접선형	g, i, o, t, u, y, z, af, ak, an, ao, aq	12 (42.9%)
	원의 분할형	z, ao	2 (7.1%)
	타원형	—	—
	나선형	—	—
자연적 형태	구불구불한 형태	c, e, h, k, n, o, v, y, ab, ak, al, am, an, as	14 (50.0%)
	자유 타원형과 부채꼴	—	—
	자유 나선형	—	—
	불규칙 다각형	h, k, l, n, o, t, w, y, ah, ai, ak, al, an, ao, ap, as	16 (57.1%)
	유기체적 가장자리형	e	1 (3.5%)
	집합과 분열형	—	—

7개소로 각각 25%를 점유하고 있다. 자연적 형태로는 불규칙 다각형이 16개소에서 사용되어 57.1%의 비율을 보였고, 구불구불한 형태는 14개소로 50%의 비율을 보였다. 휴식 · 사색 등 정적인 활동과 형태주제에 내포된 의미를 종합적으로 고찰하면, 90° 직각형태를 사용하여 단순하고 간결한 분위기를, 구불구불한 형태를 활용하여 비정형성, 부드러움, 신비감을 주고자 한 것을 유추할 수 있다.

어린이 놀이 · 운동 활동의 디자인 방향은 7개소의 마을마당에서 찾을 수 있다. 여덟 개의 형태주제가 사용되어 네 개의 디자인 방향 중 가장 단순한 형태주제가 활용되었다(표 참조). 기하학적 형태 중에서는 90° 직각형태가 5개소로 71.4%를, 자연적 형태 중에서는 불규칙 다각형이 5개소로 71.4%를 나타냈다. 이것은 운동공간의 경우 사각형을 기초로 하여 파생된 90° 직각형태를 사용해서 정형적인 형태를 사용한 것을 의미한다. 어린이 놀이 활동은 임의성, 변칙성 등을 내포하는 불규칙 다각형을 사용하여 구불구불한 형태의 사용과 더불어 흥미와 신비감을 주고자 한 것으로 판단된다.

어린이 놀이 · 운동 활동과 형태주제

구분	형태주제	연구 대상지	개소 (%)
기하학적 형태	90° 직각형태	m, t, u, ak, al	5 (71.4%)
	45°/90° 각의 형태	y	1 (4.3%)
	30°/60° 각의 형태	ai	1 (4.3%)
	원 위의 원형	m, t, u	3 (42.9%)
	동심원과 반지름형	u, ak	2 (28.6%)
	호와 접선형	t, u, y, ak	4 (57.1%)
	원의 분할형	—	—
	타원형	—	—
	나선형	—	—
자연적 형태	구불구불한 형태	y, ak, al	3 (42.9%)
	자유 타원형과 부채꼴	—	—
	자유 나선형	—	—
	불규칙 다각형	t, y, ai, ak, al	5 (71.4%)
	유기체적 가장자리형	—	—
	집합과 분열형	—	—

개방성 및 만남 · 모임 · 대화 등의 활동을 구현하고자 했던 마을마당은 총24개소로 분류된다. 사용된 형태주제는 열다섯 개 가운데 열한 개가 사용되어 가장 다양한 형태를 보인다(표 참조). 90° 직각형태가 14개소로 58.3%의 가장 높은 비율을 나타내고, 호와 접선형, 불규칙 다각형이 12개소로 50%의 비율을 나타냈다. 개방성 및 만남 · 모임 · 대화 등의 유형은 다른 유형에 비해 자연적 형태의 사용 빈도가 높게 나타나는 것이 특징이다. 자연적 형태는 자유, 성장, 변화, 임의성 등의 의미를 내포하는 것으로, 자유로운 개방성을 확보하면서 변화감을 연출하여 모임, 대화 등의 활동을 담기 위해 사용된 것으로 여겨진다.

개방성 및 만남 · 모임 · 대화와 형태주제

구분	형태주제	연구 대상지	개소 (%)
기하학적 형태	90° 직각형태	b, g, i, l, r, u, v, x, ad, af, ah, an, aq, ar	14 (58.3%)
	45°/90° 각의 형태	r, aq	2 (8.3%)
	30°/60° 각의 형태	h, j, o, z, ad, ah, aj	7 (29.2%)
	원 위의 원형	d, f, u, v, x, z, aj, ao, ar	9 (37.5%)
	동심원과 반지름형	f, u, z, af, ao, aq	6 (25.0%)
	호와 접선형	f, g, i, o, r, u, x, z, aa, af, an, ao, aq	13 (53.0%)
	원의 분할형	z, ad	2 (8.3%)
	타원형	f	1 (4.2%)
	나선형	—	—
자연적 형태	구불구불한 형태	b, d, h, o, r, v, x, aa, ad, aj, ap	11 (45.8%)
	자유 타원형과 부채꼴	—	—
	자유 나선형	—	—
	불규칙 다각형	d, h, j, l, o, x, aa, ae, ah, an, ao, ar	12 (50.0%)
	유기체적 가장자리형	b	1 (4.2%)
	집합과 분열형	—	—

이상 디자인 방향과 형태주제와의 관계를 고찰한 결과, 기하학적 형태는 아홉 가지 유형 중 나선형만 제외하고 한 번 이상은 활용이 된 반면 자연적 형태는 구불구불한 형태와 불규칙 다각형에 편중되어 있음을 알 수 있다. 즉 자유 타원형과 부채꼴, 자유 나선형, 집합과 분열형 등의 형태는 거의 활용되고 있지 않아, 건축디자인에서 활용되는 형태주제의 사용 경향과 유사함을 보이고 있다.

조경디자인은 정형적이고 구조적인 디자인과는 달리 개방된 옥외공간을 대상으로 하여 자연적인 형태와 변화, 자유, 임의성 등의 표현이 용이할 것으로 여겨진다. 그러나 실제의 상황은 오히려 주변 공간의 정형적인 틀에 많은 영향을 받고 있음을 알 수 있다. 물론 비정형적인 형태만이 바람직한 디자인은 아니겠지만 보다 창조적이고 통례를 벗어난 자유로운 디자인도 시도되어야 한다고 생각한다.

참고문헌

1. 극동건설, 마을마당 조성 기본 및 실시설계, 서울시 보고서, 1997.
2. 김수인 편역, 건축디자인의 원점, 서울 : 산업도서출판공사 : p.6, pp.47~50, pp.138~147, 1981.
3. 김신원, 광화문 시민열린마당 기본설계안, 조경논총 8(1) : pp.79~98, 1996.
4. 김신원, 서곳근린공원 상징탑 기본설계안, 조경논총 9(1) : pp.95~109, 1997.
5. 김신원, 전주시청광장(온고을 시민광장) 기본설계안, 한국정원학회지 17(4) : pp.73~85, 1999.
6. 김신원, 남산2호터널 재개발 조경계획, 디자인연구 2(1) : pp.93~101, 1999.
7. 김신원, 남산2호터널 조형물 설계, 한국조경학회지 30(2) : pp.63~69, 2002.
8. 김신원 · 강현경, 서울 1000년 타임캡슐광장 설계안, 한국조경학회지 22(3) : pp.163~174, 1994.
9. 김신원 · 박율진, 서울시 마을마당의 조성현황 및 개선방안 연구, 한국정원학회지 17(4) : pp.31~46, 1999.
10. 김신원 · 허준, 이용후 평가를 통한 마두역광장 재조성계획, 한국정원학회지 18(1) : pp.131~139, 2000.
11. 김신원 · 허준 · 박율진, 서울시 마을마당의 이용 후 평가, 한국조경학회지 27(5) : pp.94~106, 2000.
12. 서울특별시, 남산골 제모습찾기 사업 기본 및 실시설계, 1993.
13. 선진엔지니어링 종합건축사사무소, 마을마당 조성 기본 및 실시설계, 서울시 보고서, 1997.
14. 신성, 마을마당 조성 기본 및 실시설계, 서울시 보고서, 1997.
15. 신화컨설팅, 마을마당 조성 기본 및 실시설계, 서울시 보고서, 1996.
16. 정다운, 인생십이진법, 서울 : 밀알 : pp.60~61, pp.373~375, 1985.
17. Adams, W. H., Grounds for Change, Boston : A Bulfinch Press Book, 1993.
18. Antoniades, A. C., Poetics of Architecture, New York : Van Nostrand Reinhold, pp.9~28, pp.145~169, pp.183~208, pp.233~253, 1990.
19. Architecture and Urbanism, Charles Jencks, Tokyo : a+u Publishing Co., 1986.
20. Baker, G. H., Le Corbusier, An Analysis of Form, New York : Van Nostrand Reinhold, 1984.
21. Beardsley, J., Earthworks and Beyond, New York : Abbeville Press, 1989.
22. Beardsley, J., Earthworks and Beyond, New York : Abbeville Press, 2006.
23. Berrizbeitia, A. and L. Pollak, Inside Outside, Gloucester : Rockport Publishers, Inc., 1999.

24. Blackwell, W., 정의용(역), 건축과 기하학, 서울 : 기문당, pp.21~190, 1990.
25. Bussagli, M., Translated by John Shepley, Oriental Architecture/2, New York : Electa/Rizzoli, pp.139~161, 1981.
26. Cerver, F. A., City Planning, Arco Editorial, S. A.
27. Cerver, F. A., Business and Corporation Parks. Roof Gardens, 1994.
28. Cerver, F. A., Urban Spaces Ⅰ, 1994.
29. Cerver, F. A., Urban Spaces Ⅱ, 1994.
30. Cerver, F. A., Urban Spaces Ⅲ, 1994.
31. Ching, F. D. K., Architecture : Form, Space & Order, New York : Van Nostrand Reinhold, pp.332~385, 1979.
32. Ching, F., Architectural Graphics, New York : Van Nostrand Reinhold, 1985.
33. Church, T, D., Gardens Are for People, Berkeley : University of California Press, 1995.
34. Clark, R. H. and M. Pause, Precedents in Architecture, New York : Van Nostrand Reinhold, pp.3~7, 139~153, 1985.
35. Cottom-Winslow, M., International Landscape Design, New York : PBC International, Inc., 1991.
36. Dixon, J. M., Urban Spaces, New York : Visual Reference Publications, Inc., 1999.
37. Dondis, D. A., A Primer of Visual Literacy, Cambridge, MA : The MIT Press, pp.39~46, 1973.
38. Douglas, W. L. , S. R. Frey, N. K. Johnson, S. Littlefield and M. V. Valkenburgh, Garden Design, New York : Simon & Schuster, Inc., 1984.
39. Eckbo, G., Home Landscape : The Art of Home Landscaping, New York : McGraw-Hill Book Company, pp.68~78, 1978.
40. Favole, P., Squares in Contemporary Architecture, Amsterdam : Architectura & Natura Press, 1995.
41. Fieldhouse, K. and S. Harvey, Landscape Design, London : Laurence King Publishing, 1992.
42. Francis, M. and R. T. Hester, Jr., The Meaning of Gardens, Cambridge : The MIT Press, 1990.
43. Grillo, P. J., Form, Function, and Design, New York : Dover Publications, 1975.
44. Jencks, C., The Language of Post-Modern Architecture, New York : Rizzoli : International Publications, Inc., 1987.
45. Kaul, A., Spatial Elements and Organizing Principles in Design, Master's Thesis, State University of New York, Syracuse, 1992.
46. Landscape Architecture 80, January, 1990.
47. Laseau, P., Visual Notes for Architects and Designers, New York : Van Nostrand Reinhold, pp.184~191, 1984.
48. Laseau, P., Graphic Thinking for Architects and Designers, New York : Van

Nostrand Reinhold, 1989.
49. Lyall, S., Designing the New Landscape, New York : Van Nostrand Reinhold, 1991.
50. Miyagi, S., Landscape, Tokyo : Meisei Publications, 1996.
51. Moore, C. W., J. M. William, T. Jr. William, The Poetics of Gardens, Cambridge, MA : MIT Press, 1998.
52. Motloch, J. L., Introduction to Landscape Design, New York : Van Nostrand Reinhold, pp.132~149, 1991.
53. Oakes, B., Sculpting with the Environment, New York : Van Nostrand Reinhold, 1995.
54. Process Architecture, Robert Zion, Tokyo : Process Architecture, 1991.
55. Process Architecture, Contemporary Japanese Landscape Design II, Tokyo : Process Architecture, 1992.
56. Process Architecture, Dan Kiley, Tokyo : Process Architecture, 1993.
57. Process Architecture, EDAW, Tokyo : Process Architecture, 1994.
58. Process Architecture, Hargreaves, Tokyo : Process Architecture, 1996.
59. Reid, G. W., From Concept to Form in Landscape Design, New York : Van Nostrand Reinhold, pp.1~77, 1993.
60. Richardson, T., The Vanguard Landscapes and Gardens of Martha Schwartz, London : Thames & Hudson, Inc., 2004.
61. Rubenstein, H. M., Pedestrian Malls, Streetscapes, and Urban Spaces, New York : John Wiley & Sons, Inc., pp.48~55, 1992.
62. Simo, M., Sasaki Associates, Washington D. C. : Spacemaker Press, 1997.
63. Smithies, K. W., Principles of Design in Architecture, New York : Van Nostrand Reinhold, 1981.
64. Solà-Morales, I., Gaudi, New York : Rizzoli International Publications, Inc., 1983.
65. Spirn, A. W., Seeing and Making the Landscape Whole, Progressive Architecture, August, pp.92~94, 1991.
66. The SWA Group.
67. Urban Pavement Design, Tokyo : Graphic-sha Publishing Co., 1990.
68. VanDyke, S., From Line to Design : Design Graphics Communication, Mesa, Arizona : PDA Publishers Corporation, pp.25~35, 1985.
69. Walker, P. and M. Simo, Invisible Gardens, Cambridge : The MIT Press, 1994.
70. Youl, H. D., Korean Ancient Palaces, Seoul : Youl Hwa Dang Publishing Co., 1988.

● 김신원

경희대학교 조경학과 졸업
Cornell University 대학원 조경학과 졸업, 조경학석사
경희대학교 대학원 조경학과 졸업, 이학박사
경희대학교 예술 · 디자인대학 환경조경디자인학과 교수 :
조경디자인랭귀지, 조경기초디자인, 도시조경설계,
도시공간디자인론 담당

조경기초디자인

2011년 9월 10일 1판 1쇄 인쇄
2011년 9월 15일 1판 1쇄 발행

저 자 김 신 원
발 행 인 강 해 작
발 행 처 기 문 당
주 소 서울시 성동구 무학봉 28길 4-1
(왕십리동 966-22)
전 화 02) 2295-6171(代)~5
팩 스 02) 2296-8188
출판등록 1976. 10. 7(1-44)
홈페이지 http:// www.kimoondang.com
http:// 기문당
I S B N 978-89-6225-362-7 93540

정 가 18,000원